高等医药院校基础课实验教材

生理学实验指导

周乐全　主编

科 学 出 版 社

北 京

内 容 简 介

《生理学实验指导》是根据中医院校的专业特点编写而成的。全书共分为四章。第一章介绍了生理学实验课的目的、要求及实验报告的书写等内容。第二章介绍了生理学实验常用仪器设备的使用及溶液的配制方法。第三章介绍了动物实验的基本操作技术。第四章是基本实验内容，包括了神经肌肉、血液、循环、呼吸、消化、泌尿、感官、神经系统、内分泌等系统共三十三个实验。第五章介绍自行设计实验的选题、设计内容、注意事项等内容。

本书适合作为中医院校中医、中西医结合、针推、药学和护理等专业教学用书，亦可供非医学院校的生命科学专业学生和广大生理学爱好者参考。

图书在版编目（CIP）数据

生理学实验指导/周乐全主编 .—北京：科学出版社，2014.4
高等医药院校基础课实验教材
ISBN 978-7-03-040180-9

I. ①生… II. ①周… III. ①生理学-实验-医学院校-教材 IV. ①Q4-33

中国版本图书馆 CIP 数据核字（2014）第 047338 号

责任编辑：杨瑰玉　张　晨 / 责任校对：纪正红
责任印制：高　嵘 / 封面设计：苏　波

科 学 出 版 社 出版
北京东黄城根北街 16 号
邮政编码：100717
http://www.sciencep.com

北京虎彩文化传播有限公司印刷
科学出版社发行　各地新华书店经销
*
2014 年 4 月第　一　版　开本：B5（720×1000）
2021 年 1 月第五次印刷　印张：7 1/2
字数：145 000

定价：32.00 元

（如有印装质量问题，我社负责调换）

《生理学实验指导》编委会

主　　编　周乐全

副 主 编　闫福曼　关　莉　刘海梅

编写人员(按姓氏笔画排序)

刘　微　苏　文　李小英
张晓东　林锐珊　徐进文

前　言

生理学是一门实验性科学。生理学实验课是生理学教学中的重要部分。生理学实验教学除验证课堂讲授的理论内容外，还着重培养学生的实验技能，通过实验培养学生科学的思维方法和科学的工作态度，提高学生的科学素质。

《生理学实验指导》是根据普通高等教育中医药类规划教材《生理学教学大纲》编写的。编写中注意遵循科学性、系统性、逻辑性及内容的先进性等基本原则。本书内容主要有“生理学实验的基本要求”、“常用仪器、设备及使用方法介绍”、“常用实验动物的基本操作技术”和“各系统的生理学基本实验”等。实验项目内容注重培养学生的基本操作技能及科研思维能力，激发学生对科学研究的兴趣，有利于后续课程的学习。此外，还专门介绍了自行设计实验基本程序和方法等，对于提高学生的科研能力起一定的帮助作用。

《生理学实验指导》的实验项目共三十三项，教师可根据不同层次学生生理教学计划安排实施。

由于编者水平有限，书中难免有不妥或错误之处，还望广大读者批评指正，以便修订时改正。

编　者

2013 年 11 月

目　　录

第一章　绪　　论

生理学是一门重要的医学基础课，它是研究正常机体功能活动规律的科学，也是一门实验性科学。它的理论是在医学实践及对动物与人体进行的科学研究的基础上发展起来的。因此实验教学是生理学教学的重要组成部分，两者有机结合是学好生理学不可分割、相辅相成的重要方法。

一、生理学实验课的目的

生理学实验课的主要目的，在于通过实验使学生了解获得生理学知识的基本研究方法，初步掌握生理学实验的基本操作技能，以及验证和巩固生理学的基本理论。同时在实验过程中培养学生以严谨的态度和缜密的科学方法从事实验活动，客观地观察和分析实验现象，并不断提高独立思考和解决问题的能力。

二、生理学实验课的要求

（一）实验前准备

1. 仔细阅读实验指导，了解实验目的、原理、要求、实验方法和步骤，预期可能出现的实验结果。

2. 复习与本次实验有关的理论课内容，并运用已经学过的理论知识对可能出现的实验结果进行初步分析。

（二）实验过程中

1.遵守实验室规则。

2.严格按照实验步骤进行操作，正确使用仪器。

3.认真操作，仔细观察，如实记录，分析思考为什么会出现这些现象和结果，做到理论联系实际。

4.实验操作遇有疑难时，要随时找教师或技术员解决。

5.爱护实验器材，节省实验动物与实验消耗用品。

（三）实验结束后

1.清理实验器材，具体要求见“生理学实验室规则”。

2.整理实验结果，书写实验报告，并按时交给负责教师批阅。

三、生理学实验报告的书写

实验报告是考查学生学习态度和实验表现的重要依据，也是学生进行理论和实验知识复习的材料。生理学实验课后要求每位学生独立完成实验报告。实验报告应认真书写，字迹整洁。

报告首页应正确填写班级、专业名称、实验小组、学生姓名、学号及带教教师姓名。

报告内容一般应包括题目、目的、方法、结果、讨论和结论。

（一）实验方法

可简略书写，避免重复实验指导上的内容。

（二）实验结果

应将实验过程中所观察到的现象和结果真实记录，而不是按主观想象或过后的回忆描述。有时需进一步将实验所观察的现象和所获得的数据进行分析、归纳、综合，找出规律。通过整理可以加深理解和进一步掌握已经学过的理论知识，并训练自己分析、综合问题的能力。

凡属测量和计数资料，均应以正确的单位和数值作出定量表示。必要时可进行统计处理，以保证结论的可靠性。有些实验数据可以用统计表和图形表示，以使结果鲜明、突出，便于比较。需附结果图时，应使用原始记录，以保证结果的真实性。

（三）讨论和结论

实验讨论是在实验记录的基础上，根据已知的理论知识，对实验结果加以分析、概括并最后得出实验结论的思维推导过程。在讨论实验结果时，要从现象中找出规律，从实验结果中归纳出所验证的理论。结论应简明扼要，切合实际。在实验中未能证实的问题不应写入结论。对出现的非预期的结果，应分析其可能的原因。

四、生理学实验室规则

1.自觉遵守学习纪律，不迟到、不早退，不无故缺席，有事须向教师请假。

2.实验者必须穿白大衣。

3.实验前必须认真预习实验指导及有关理论内容，必须严肃认真地进行实验并按时完成，实验中不得进行与实验无关的活动。

4.保持实验室肃静，不大声说话，以免影响其他组实验。

5.分配给各组使用的实验器材，不得擅自调换。仪器出现故障，应立即报告教师，以便及时处理或更换。

6.爱护公共财物，不得损坏实验室内各种仪器设备，注意节约消耗物品。公用物品用后应立即放回原处，以免影响其他组使用。如损坏物品，应向教师报告，并进行登记。

7.保持实验室整齐清洁，与学习无关的物品不要带进实验室。

8.实验完毕，应清理实验器材。手术器械要洗净擦干，请教师验收后放回指定地点。如有缺少或损坏，应立即报告负责教师进行登记。动物尸体及实验废弃物应放到指定地点，不得随意乱扔。

9.每次实验结束后，各组轮流值日，负责实验室清洁卫生及门窗、水电安全检查。

（关 莉）

第二章 常用仪器、设备和生理盐溶液

一、BL-420E 生物机能实验系统

（一）概述

BL-420E 生物机能实验系统是成都泰盟电子有限公司生产的配置在电子计算机上的四通道生物信号采集、放大、显示、记录与处理系统。由电子计算机、BL-420E 生物机能实验系统硬件和显示与处理软件三个部分构成。可以进行实时的信号显示与处理，也可以及时存储、实验后回放数据进行处理和打印等。主要用于生理、病理生理、药理等学科的各种机能实验、电生理实验等。

（二）BL-420E 生物机能实验系统的工作原理

在生理学实验中，通常需要进行采集、记录、分析的生理信号主要有两大类：一类是反映电活动变化的生物电信号，如心电、脑电、肌电及神经放电等。这些生物电信号需要通过相应的电极引导、采集、输入放大器进行放大，放大后就可以显示和记录出来。另一类是非电变化的信号，如张力、压力变化等。这些变化信号需要通过一个相应的信号转换装置（换能器）转换为电信号，输入放大器，进行放大才能显示和记录出来。

信号经放大器放大、滤波后，通过模（拟）数（字）转换，即 A/D 转换后，输入至计算机，通过生物机能实验系统软件对这些信号进行显示、实时处理并储存。这些信号还可以被进一步处理、分析及打印（图 2-1）。

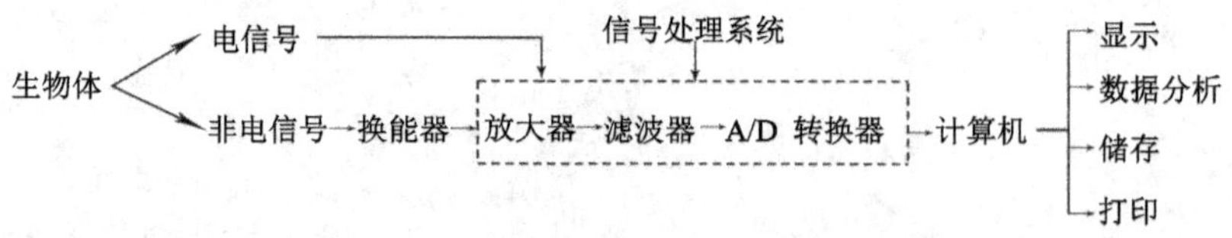

图 2-1 BL-420E 生物机能实验系统工作原理示意图

（三）BL-420E 生物机能实验系统软件操作说明

1. 运行软件 启动计算机进入 Windows 中文操作系统，单击“开始”按钮，

在“程序”项中单击“BL-420E 生物机能系统”程序图标，运行该程序。

2. 软件界面介绍　运行“BL-420E 生物机能系统”程序后，即可出现软件操作主界面（图 2-2）。

（1）主界面各部分的功能

刺激器调节区：调节刺激器参数及启动、停止刺激。

标题条：显示软件的名称以及实验标题信息。

菜单条：显示所有的顶层菜单项，可以选择其中的某一菜单项以弹出子菜单。

工具条：一些常用命令的图形表示集合，可使常用命令的使用变得方便与直观。

左、右视分隔条：用于分隔左、右视，也是调节左、右视大小的调节器。

时间显示窗口：显示记录数据的时间。

四个切换按钮：用于在四个分时显示复用区中进行切换。

标尺调节区：在实时实验过程中调节硬件增益；在数据反演时调节软件放大倍数。选择标尺单位及调节标尺基线位置。

波形显示窗口：显示生物信号的原始波形或数据处理后的波形，每一个显示窗口对应一个实验采样通道。

显示通道之间的分隔条：用于分隔不同的波形显示通道，也是调节波形显示通道高度的调节器。

分时复用区：包含硬件参数调节区、显示参数调节区以及通用信息区和专用信息区四个分时复用区域。

Mark 标记区：用于存放 Mark 标记和选择 Mark 标记。

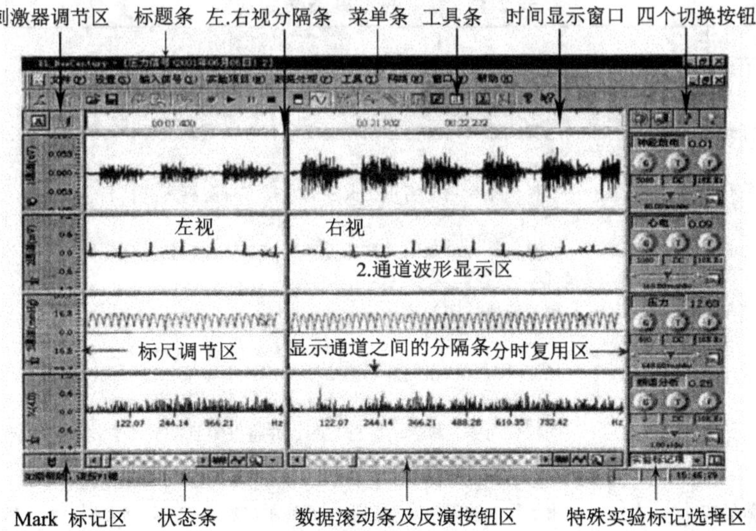

图 2-2　BL-420E 系统生物信号显示与处理软件主界面

状态条：显示当前系统命令的执行状态或一些提示信息。

数据滚动条及反演按钮区：用于实时实验和反演时快速数据查找和定位。

特殊实验标记选择区：用于编辑特殊实验标记，选择特殊实验标记，然后将选择的特殊实验标记添加到波形曲线旁边。

（2）生物信号波形显示窗口简介：BL-420E 生物机能系统在软件处于初始状态时屏幕上共有 4 个波形显示窗口，实验中可以根据自己的需要在屏幕上显示 1~4 个波形显示窗口，如图 2-3 所示，各部分功能如下。

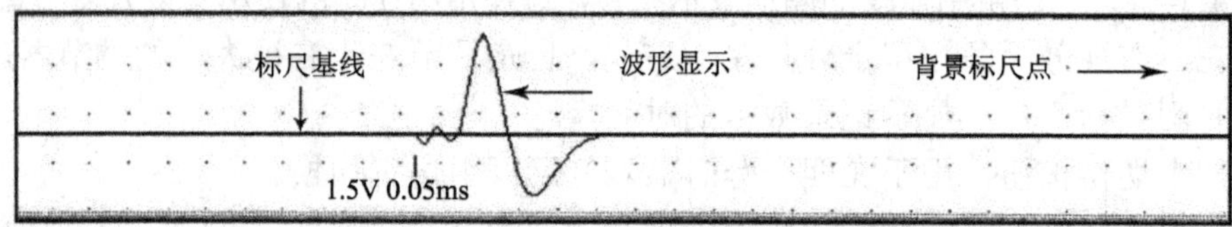

图 2-3　BL-420E 系统软件生物信号显示窗口

标尺基线：生物信号的参考零点，其上为正，其下为负。

波形显示：显示采集到的生物信号波形或处理后的结果波形。

背景标尺点：波形大小和时间长短参考刻度线或点。

（3）工具条说明：工具条和命令菜单的含义相似，它是一些命令的集合。工具条上的每一个图形按钮称为工具条按钮，每一个按钮对应一条命令，当按钮以雕刻效果（灰色）的图形方式显示时，表示该按钮不可使用。常用的工具条命令功能见表 2-1。

表 2-1　常用的工具条命令功能

图标	命令名称	功能说明
	系统复位	对系统的所有硬件及软件参数进行复位，恢复到初始状态的默认值
	打开反演数据	选择此命令可打开原来存储在硬盘上的数据文件，可对文件进行测量、剪切等操作
	另存为	选择该命令用于将正在反演的数据文件另存为其他名字的文件
	打印	选择该命令将弹出“打印设置”对话框，可修改打印机型号，纸张大小、方向和打印质量等
	打印预览	预览所要打印的图形
	数据记录	当记录命令按钮的红色实心圆标记处于按下状态时说明系统现在正处于记录状态，否则系统仅处于观察状态而不进行观察数据的记录
	开始实验	选择该命令，将启动数据采集，并将采集到的实验数据显示在计算机屏幕上；如果数据采集处于暂停状态，选择该命令，将继续启动波形显示。在反演时，该命令用于启动波形的自动播放
	暂停实验	用于暂停数据采集与波形动态显示；反演时，该命令用于暂停波形的自动播放
	停止实验	选择该命令用于结束当前实验

续表

图标	命令名称	功能说明
	背景颜色	该命令用于切换显示通道背景颜色
	隐藏、显示标尺点	通过该命令，可以显示或隐藏背景上的标尺格线
	添加通用标记	在实验中，单击该命令，将在波形显示窗口的顶部添加一个实验标记，标记编号从 1 开始顺序进行
	区间测量	该命令用于测量当前通道图形中的任意段波形的频率、最大值、最小值、平均值及面积等参数，测量的结果显示在通用信息显示区中
	图形剪辑	该命令是将通道显示窗口中选择的一段波形连同从这段波形中测出的数据一起以图形的方式发送到 Windows 操作系统的一个公共数据区内
	数据剪辑	该命令是将选择的一段或多段反演实验波形的原始采样数据按 BL-420 的数据格式提取出来，并存入指定名字的 BL-420 格式文件中

（四）BL-420E 生物机能实验系统操作方法

1. 开机　通过 USB 连线将生物机能实验系统主机与计算机主机连接，并分别打开其电源。

2. 启动软件　启动计算机进入 Windows 中文操作系统，单击“开始”按钮，在桌面或“程序”项中单击“BL-420E 生物机能系统”程序图标，运行该程序。

3. 开始实验　BL-420E 生物信号显示与处理软件中有 4 种方法可以启动 BL-420E 系统进行生物信号采样与显示。①从软件的“输入信号”菜单中为需要采样与显示的通道设定相应的信号种类，然后从工具条中选择“启动波形显示”命令按钮；②从“实验项目”菜单中选择自己需要的实验项目；③选择工具条上的“打开上一次实验设置”按钮；④从“文件”菜单中的“打开配置”命令启动波形采样。

通常采用第 2 种方法，只须单击“实验项目”菜单项，在弹出的下拉式菜单中选取所需要的实验项目即可。启动实验后，系统会自动完成该实验的基本参数设置，包括通道（默认是 1 通道）、采样率、系统放大倍数等。在“实验项目”菜单项中设置了 9 大类共 46 个实验模块，涵盖了绝大部分的生理学实验。

4. 调节参数　可通过调节各通道增益、扫描速度、时间常数及滤波，使所观察的波形处于合适的状态（图 2-4）。

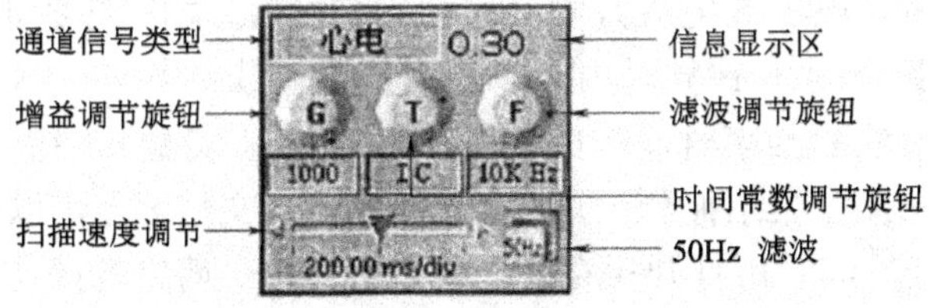

图 2-4　通道参数调节区图示

（1）增益调节：增益是指生物机能实验系统的放大倍数，用鼠标左键单击“增益调节旋钮”可以放大波形，鼠标右键单击则缩小。

（2）扫描速度调节：可改变通道显示波形的扫描速度，移动鼠标至三角游标上，单击左键，向右滑动则扫描速度增大，向左则减慢。

（3）时间常数、滤波调节：滤波和时间常数属于不同性质的滤波。生物机能实验系统中的滤波是指高频滤波（低通滤波），它的作用是衰减生物信号中带入的高频噪声，而让低频信号通过。时间常数是指低频滤波（高通滤波），它的作用是衰减生物信号中所带入的低频噪声，而让高频信号通过。通过对这两个信号的调节，使所记录和显示的信号落在一个较好的通频带范围，记录的信号更加真实和可靠。一般来说，生物信号的类型不同，选用的滤波和时间常数也不同，如果选用不恰当，会造成记录的信号失真。

5. 实验标记　在实验过程中，常需要在实验波形有变化的部分如刺激或用药后，添加一个实验标记，以明确实验过程中的变化，同时也为反演查找留下依据。

在生物机能实验系统软件中，有两种类型的实验标记可选择，分别是通用实验标记和特殊实验标记。通用标记对所有实验效果相同，其形式为在通道显示窗口的顶部显示一向下箭头，箭头的前面有一个顺序标记的数字，如 1、2、3 等。添加通用实验标记只需按下工具条上的“通用实验标记”命令按钮即可。特殊实验标记内容是实验模块本身预设或自己编辑的文字，实验时用鼠标在“实验标记项”中选择相应的标记，并把鼠标移到需要标记的位置点击左键即可，每选择一次只能标记一次。

6. 刺激器的使用　电子刺激器可输出准确稳定的电刺激脉冲。它不易损伤组织，能定量、定时，并可重复使用，因此是生理学实验中经常使用的刺激仪器。

刺激器的参数按钮在主界面左边标尺调节区的上方。需要使用或调节刺激器时，用鼠标单击“刺激器调节”按钮，即可弹出设置刺激器参数对话框。刺激器主要按钮的功能如下：

（1）刺激方式，根据需要可选择连续刺激、手控单刺激、连续双脉冲或多脉冲刺激等。

（2）延迟，其作用是使触发输出与刺激波输出之间产生一定的时间延迟。

（3）波宽，即刺激的作用时间。选择时需与刺激强度相配合。

（4）频率，进行连续刺激时需调节到所需的频率。

（5）刺激强度（电压或电流），一般刺激器的刺激输出强度可在 0～50V 进行调节。常用的刺激强度在 10V 以内，电压太高会损伤组织。

7. 结束实验　实验结束时，单击工具条上的“停止实验”按钮。会弹出一个“另存为”对话框，提示需要给刚才记录的实验数据输入文件名，可以给文件起一个名字并保存。在数据反演时可打开保存的文件进行测量、剪辑等操作。如果不起文件名，则系统以“temp.dat”的文件名保存，如果不保存文件则按“取消”按钮。

8. 图形剪辑　在实时实验过程或数据反演中，按下“暂停”按钮使实验处于暂停状态，用鼠标左键单击工具条上的“图形剪辑”按钮，对所需要的一段波形进行区域选择，可以只选择一个通道的图形或同时选择多个通道的图形。当进行了区域选择以后，图形剪辑窗口出现，上一次选择的图形将自动黏贴进入到图形剪辑窗口中。选择图形剪辑窗口右边工具条上的“退出”按钮，退出图形剪辑窗口。重复上述步骤可以剪辑其他波形段的图形，然后拼接成一幅整体图形，可以存储或打印，也可以复制到其他应用程序，如 Word、Excel 中。

9. 数据剪辑　打开已保存的数据文件，在需要剪辑的实验波形进行区域选择，用鼠标左键单击工具条上的“数据剪辑”按钮，一段数据曲线即被剪切出来，可重复剪切，最后选择文件名进行保存。

10. 打印　当实时图形剪辑或数据剪辑的文件需要打印时，可用鼠标单击工具条上的“打印”命令按钮，根据弹出的对话框进行设置并打印。

二、换　能　器

换能器（又称传感器）就是把生理学实验一些非电的信号转换成电信号的装置，不同的非电信号必须通过相应的换能器才能转换，如压力换能器、张力换能器等。

（一）张力换能器

张力换能器是通过机械牵拉换能器悬梁上的受力点使电桥失去平衡而产生电流的原理，把实验中的一些机械力变化转换成电能变化，输入放大器放大后加以处理和分析。

张力换能器的应变元件的厚度与承受力的大小有关，根据所测生理机械力的大小，可采用不同上限量程的换能器。

使用换能器时，先将被测标本的一端固定，另一端按标本的长度悬于换能器的受力点上，然后将换能器的输出与放大器相接通，便可观察或记录标本收缩舒张活动经换能后的变化。

（二）血压换能器

血压换能器能将血压的变化转换为电能。换能器的头部用透明罩密封，内充满肝素生理盐水，从排气孔排出所有残余气泡，然后夹闭。另一嘴为压力传送嘴，接通血管套管。当压力传送嘴与血管接通时，压力传至弹性扁管，使应变片变形，输出电流改变。

三、常用器械

（一）蛙类手术器械

1. 剪刀 粗剪刀用于剪骨骼等粗硬组织；手术剪用于剪肌肉和皮肤组织等；眼科剪用于剪神经和血管等组织。

2. 镊子 大镊子用于夹持肌肉和皮肤等组织；小镊子用于夹细软组织，如小血管等。

3. 金属探针 用于破坏蛙或蟾蜍的脑和脊髓。

4. 玻璃分针 用于分离神经及血管等组织。

5. 蛙板 用于固定蟾蜍或其他标本。

6. 蛙心夹 用于夹住蛙心，另一端通过连线连接张力换能器，以记录心脏的收缩和舒张活动。

（二）哺乳类手术器械

1. 手术刀 用于切开皮肤和器官，动物实验常用的手术刀执刀法见图 2-5。

2. 剪刀 包括手术剪和眼科手术剪。手术剪分弯形和直形两种，弯剪用于剪毛，直剪用于剪皮肤、皮下组织等。眼科手术剪用于剪神经和血管等组织。

3. 镊子 同蛙类手术器械的镊子。

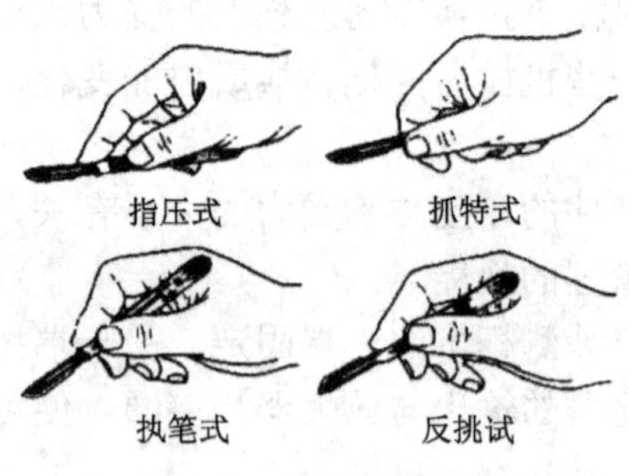

图 2-5 常用手术刀执刀法

4. 止血钳 分直、弯等不同规格，用于止血和分离组织等。

5. 颅骨钻 用于开颅钻孔。

6. 咬骨钳 用于打开颅腔时咬切骨质。

7. 动脉夹 用于夹闭动脉，以暂时阻断动脉血流。

8. 动脉插管 用于插入动脉连接血压换能器。

9. 气管插管 用于急性动物实验时插入气管固定，以保证呼吸道通畅。

10. 其他　如三通管，用于控制实验中液体的流动方向；持针器、缝合针，用于缝合组织及皮肤等组织。

动物实验常用手术器械见图 2-6。

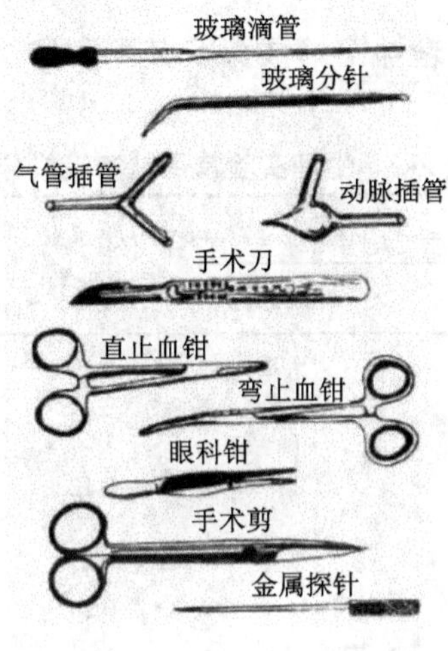

图 2-6　常用手术器械

四、常用生理盐溶液及配制方法

在进行离体实验时，需要将组织、器官置于与其体内环境相似的溶液中，以维持其正常功能活动，此类溶液称为生理盐溶液。生理学实验常用的有生理盐水、任氏液、乐氏液和台氏液。

（一）生理盐水

生理盐水是生理学实验或临床上常用的渗透压与动物或人体血浆的渗透压相等的氯化钠溶液。

（二）任氏液

任氏液是一种比较接近两栖动物内环境的液体，可以用来延长蛙心在体外跳动时间，保持两栖类其他离体组织器官生理活性。

（三）乐氏液

乐氏液是用于较长时间维持哺乳动物离体组织器官正常生命活动的液体。

（四）台氏液

台氏液是进行哺乳动物离体肠道平滑肌实验时使用的液体，用以维持离体肠道平滑肌的正常生理功能。

生理学实验中常用的生理盐溶液成分及其配制方法见表 2-2 和表 2-3。

表 2-2 生理实验常用盐溶液成分 （单位：g）

成分	生理盐水		任氏液（两栖类）	乐氏液（哺乳类）	台氏液（哺乳类小肠）
	两栖类	哺乳类			
氯化钠（NaCl）	6.50	9.00	6.50	9.00	8.00
氯化钾（KCl）	—	—	0.14	0.42	0.20
氯化钙（$CaCl_2$）	—	—	0.12	0.24	0.20
氯化镁（$MgCl_2$）	—	—	—	—	0.10
碳酸氢钠（$NaHCO_3$）	—	—	0.20	0.10~0.30	1.00
磷酸二氢钠（NaH_2PO_4）	—	—	0.01	—	0.05
葡萄糖（G.S）	—	—	2.00	1.00~2.50	1.00
蒸馏水（H_2O）	加至 1000ml	加至 1000ml	加至 1000ml	加至 1000ml	加至 1000ml

注：配制方法是先将各成分分别配制成一定浓度的基础溶液，然后按表 2-2 所列份量混合而成。

表 2-3 生理实验常用盐溶液配制方法 （单位：ml）

基础盐液成分	浓度（%）	任氏液	乐氏液	台氏液
氯化钠（NaCl）	20	32.50	45.00	40.00
氯化钾（KCl）	10	1.40	4.20	2.00
氯化钙（$CaCl_2$）	10	1.20	2.40	2.00
氯化镁（$MgCl_2$）	5	—	—	2.00
碳酸氢钠（$NaHCO_3$）	5	4.00	2.00	20.00
磷酸二氢钠（NaH_2PO_4）	1	1.00	—	5.00
葡萄糖（G.S）	5	40.00	10~50	20.00
蒸馏水（H_2O）	—	加至 1000	加至 1000	加至 1000

（周乐全 林锐珊）

第三章　动物实验的基本操作技术

一、实 验 动 物

（一）概述

实验动物是生物实验科学所用动物的统称。动物为专门培育饲养，来源清楚，遗传背景明确，并可对其携带的微生物实行控制。主要用于科学研究、示范教学、生物制剂和检验等领域。

实验动物最先是来自与人类生活圈密切相关的哺乳动物，如犬、猫、猪等，它们因具有与人类相似的生命特征，对于这些动物的活体解剖也成为了解生命的重要途径。从西医学奠基人希波克拉底开始，到亚里士多德、古罗马医学家盖伦以及达·芬奇，他们都以解剖各种动物为模式来探索生理现象。

英国医生威廉·哈维采用比较解剖和活体解剖不同动物的方法，研究了大量的冷血动物和濒死哺乳动物的心脏跳动情况，并于1628年发表了《心血运动论》一书，提出了血液是循环运行的，心脏有节律地持续搏动是促使血液在全身循环流动的动力源泉。该书是历史上第一部基于实验依据的生理学著作，也进一步奠定了动物实验在医学研究中的基础地位。

实验动物学诞生于20世纪50年代初，是一门研究实验动物和动物实验的综合性基础应用学科，融合了动物学、兽医学、医学和生物学等科学的理论体系和研究成果逐步发展而成。其根本目的是要为医学、生物学和医药产品安全性、有效性评价提供标准的实验动物，从而保证研究结果的科学性、准确性、重复性、可靠性。

（二）常用实验动物

1. 蟾蜍和青蛙　两者均属于两栖类动物。主要用于生理学和药理学的科研与教学。其心脏的解剖学结构为两个心房，一个心室，动静脉血混合，心脏在离体情况下仍可节奏地搏动，故常用于心脏生理学和药理学实验。生理学实验中常用蛙坐骨神经-腓肠肌、坐骨神经干以及胃肠平滑肌等标本，观察外周神经和骨骼肌的关系、各种刺激对神经肌肉以及胃肠平滑肌的作用、神经-肌肉接头的作用等。蛙舌和肠系膜可用于观察炎症反应和微循环变化。此外，两栖类还可用于生殖、胚胎发育、内分泌、断肢再植等领域的研究。

2. 大鼠和小鼠　是各类科研实验中用途最广的实验动物，广泛应用于生物医学研究的各个领域。其生理特点是繁殖能力强、发育迅速，能够复制出多种疾病模型，适用于需要大样本量的实验。可用于生理学、病理学、药理学和毒理学、肿瘤学、遗传学、传染病、核医学、营养学和老年病学等领域。

3. 豚鼠 又称荷兰猪、天竺鼠。性情温顺，胆小，不会攀登，较少斗殴。豚鼠特别是老龄雌鼠的血清中含有丰富的补体，是所有实验动物中补体含量最多的一种动物，其补体非常稳定，故常用于免疫学实验研究。豚鼠听觉非常发达，能识别多种不同的声音，它听到的音域远大于人，常用于听觉和内耳疾病的研究，如噪声对听力的影响、耳毒性抗生素的研究等。

豚鼠体内不能合成维生素 C，对其缺乏十分敏感，是研究实验性坏血病和维生素 C 生理功能的理想动物模型和维生素 C 生物学检测的标准动物。也可用于叶酸硫胺素和精氨酸的生理功能，酮症酸中毒、眼神经疾病的研究。另外还应用于传染病、药理学和毒理学领域的研究等。

4. 家兔 是生理学教学实验中最常用的动物之一。家兔体小力弱、胆小怕惊、怕热、怕潮。家兔耳大、血管清晰，便于注射和取血。常用于动脉血压的测定、呼吸运动的调节以及尿生成实验等多种生理学教学实验。在生物医学研究中的应用包括免疫学研究，生殖生理和避孕药的研究，胆固醇代谢和动脉粥样硬化症的研究，眼科的研究，微生物学、心血管和肺心病的研究，遗传性疾病和生理代谢失常的研究等。

5. 狗 是医学实验中最常用的大动物。主要生物学特性有：①喜与人为伴，有服从主人的天性；②神经系统发达，适应能力强；③视觉是红绿色盲，视网膜上无黄斑，每只眼有单独视野，视角低于 25 度，但嗅觉和听觉分别比人强 1200 倍和 16 倍；④肉食性动物，消化系统结构和功能与人相似；⑤皮肤汗腺极不发达。适用于实验外科学、药理学和毒理学实验、基础医学实验研究、非传染病学研究、传染病学研究和肿瘤学研究等。

6. 猫 生性孤独，喜孤独而自由的生活，喜爱明亮干燥的环境，对环境适应性强。猫的大脑和小脑较发达，对去脑实验和其他外科手术耐受力也强。平衡感觉，反射功能发达。其血压稳定，血管壁较坚韧，对强心苷类药物比较敏感。猫对吗啡的反应和一般动物相反，狗、兔、大鼠、猴等主要表现为中枢抑制，而猫却表现为中枢兴奋。主要用于神经学、生理学和毒理学的研究。猫的反射功能与人近似，循环系统、神经系统和肌肉系统发达。实验效果较啮齿类更接近于人，特别适宜做观察各种反应的实验。

二、实验动物的麻醉

（一）常用的全身麻醉剂

1. 乌拉坦 又名氨基甲酸乙酯。此药是比较温和的麻醉药，安全度大。多数动物均可使用，更适用于小动物。乌拉坦药效迅速，麻醉过程平稳，持续时间较长（4~5h）。无烦躁、呕吐、呼吸道分泌等现象，易溶于水，常配成 20%~25%的乌拉坦溶液使用。

2. 乙醚 是一种挥发性麻醉剂，由呼吸道给药，常用于需要动物苏醒快的实验项目。乙醚常用口罩法给药，给动物戴上用金属网特制的麻醉罩，外敷数层纱布，将药物滴于纱布上，吸入麻醉，常用于大动物如狗等。另一种方法是将动物置于玻璃罩内，将浸有乙醚的棉球放入罩内，这种方法常用于小动物如大白鼠，小白鼠可用大、小烧杯，猫、兔可用脸盆等。

3. 氯醛糖 由于氯醛糖对神经系统抑制程度较轻，有不刺激呼吸道分泌等优点，常用于神经系统实验，如诱发电位等。此药溶解度低，常配成 1%氯醛糖水溶液，用前须加温助溶。用量 75~90mg/kg，静脉或腹腔给药。

4. 戊巴比妥钠 其药效快，持续时间为 3~5h，实验室较常用。给药后对动物循环和呼吸系统无显著抑制作用。常配成 3%~5%的戊巴比妥钠溶液，方法为取 3~5g 戊巴比妥钠，加入 95%的乙醇 10ml，稍加温助溶后，再加入 0.9%NaCl 溶液加至 100ml。常从静脉或腹腔给药。注意动物保温。

5. 其他 在较小动物，若要做离体实验，如摘取心、肝或肾等，可采用木槌击头法，使动物昏迷失去知觉，迅速完成手术。此法常用于猫、兔、鼠类。右手持木槌，左手扶动物腰背部，看准其后头部猛击之。而对于蛙类常采取破坏中枢神经系统法，用金属探针，从两眼间沿正中线下滑，有一下凹陷感，此处为枕骨大孔，依 15° 角向鼻尖方向刺入，左右摇动金属探针，探针尖有在骨腔感，并破坏左右大脑。然后退回，向相反方向刺入脊髓腔，将金属探针上下移动破坏脊髓，尤其要将颈膨大和腰膨大破坏彻底。

（二）常用动物麻醉药物剂量和使用方法

常用动物麻醉药物剂量和使用方法见表 3-1。

表 3-1 常用动物麻醉药物剂量和使用方法

麻醉药	动物	给药途径	浓度	剂量	持续时间	其他
乙醚	各种动物	吸入	4%~6%	适量	10~30min	可用阿托品抗分泌黏液
戊巴比妥钠	兔	静脉	3%	30mg/kg	2~4h	麻醉较平稳
	狗、猫	腹腔	3%	35mg/kg		
	鼠	腹腔	3%	40mg/kg		
乌拉坦	兔、猫	静脉	25%	1000mg/kg	2~4h	对器官功能影响较小
		腹腔	25%	1000mg/kg		
	鼠	腹腔	25%	1000mg/kg		
	蛙	皮下囊	25%	2000mg/kg		
硫喷妥钠	狗、猫	静脉	2.5%~5%	15~25mg/kg	0.5~1.5h	溶液不稳定，现用现配；不宜做皮下肌内注射；注射速度要慢
	兔	静脉	2.5%~5%	10~20mg/kg		

续表

麻醉药	动物	给药途径	浓度	剂量	持续时间	其他
氯醛糖	狗、兔猫	静脉	1%	70mg/kg	3~4h	对呼吸和血管运动中枢影响较小
		腹腔	1%	100mg/kg		
		胃肠	1%	100mg/kg		

（三）常用麻醉给药途径

1. 静脉注射 常用于狗和兔的麻醉。狗一般选用前肢皮下头静脉和后肢小隐静脉，兔常选用耳缘静脉。

2. 腹腔注射 常用于猫和鼠类，亦用于狗、兔、鸽和蛙等的麻醉。

3. 肌内注射 常用于鸟类麻醉。可选用胸肌和腓肠肌。

4. 皮下注射 一般用于局部麻醉。将动物局部的皮肤提起，注射针头以15°角刺入皮下，缓慢注入麻醉剂即可。

5. 皮下淋巴囊注射 常用于蛙和蟾蜍的麻醉。

（四）麻醉指标及麻醉异常的处理

在不同的动物，采用不同的麻醉药和麻醉方法，使动物进入麻醉状态的速度和方式不同，如静脉麻醉比腹腔麻醉快，有些药经过一段兴奋期后才进入麻醉状态等。常有以下4个共同麻醉体征：①皮肤夹捏反应消失；②头颈及四肢肌肉松弛；③呼吸深慢而平稳；④角膜反射消失及瞳孔缩小。一旦发现这些活动明显减弱或消失，则立即减慢给药速度或立即停止给药。

如动物挣扎、呼吸急促、血压不稳，需要补充麻药，常用总麻醉剂量的1/5量左右。如动物呼吸慢而不规则，或呼吸停止、血压下降、心跳微弱或停止，则要立即抢救：①立即停止给药；②实施人工呼吸或吸氧；③人工胸外按摩心脏；④静脉注射温热的50%葡萄糖；⑤心跳停止时，1∶10 000肾上腺素心内注射；⑥呼吸停止，人工呼吸无效时，注射苏醒剂：咖啡因1mg/kg、可拉明2~5mg/kg或山梗茶碱0.3~1mg/kg等。

三、实验动物的捉拿与固定

（一）常用动物的捕捉方法

1. 蛙及蟾蜍 取蛙或蟾蜍，左手无名指与中指夹前肢，使蛙趴在左手掌中，然后用拇指握住蛙的尾体部及后肢；或用小指将蛙下躯体及后肢外隔于术者掌背外侧，使后肢蹬空以免影响操作。这种方法常用来破坏脊髓和脑，操作方法为用拇指轻压蛙脊柱，食指轻压蛙鼻尖，使头与脊柱在颈部成角度，将枕骨大孔暴露给操作者，以便插入金属探针。也可用来进行蛙背部皮下淋巴囊注射。

2. 鼠类

（1）小白鼠：小鼠温顺，一般不会咬人，抓取时用右手提尾巴将小白鼠爬行于鼠笼上，稍提起使其两后肢悬空，左手拇指、食指捏住其耳和颈后部皮肤（图3-1），右手将鼠尾递到左手，让左手无名指和小指夹住拿起即可。

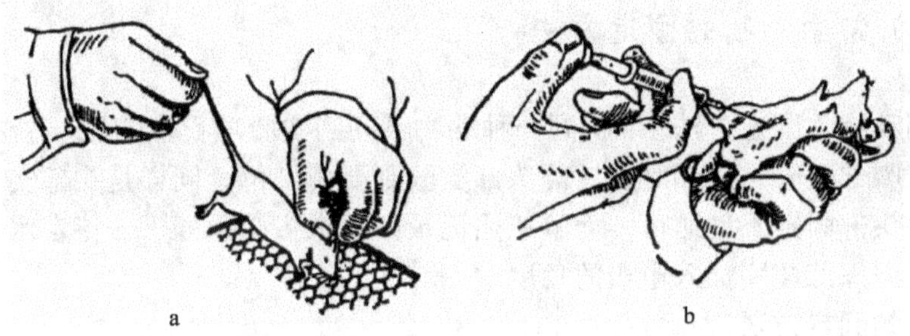

图 3-1　小白鼠的捕捉和腹腔注射方法

a，持鼠法；b，持鼠腹腔注射

（2）大白鼠：大白鼠较凶猛，操作者先戴好棉手套，也可用布盖于大白鼠身上，按上法捕捉。对大鼠进行解剖、手术、心脏采血、尾静脉注射，可用大鼠固定板、尾静脉注射架等装置进行固定。

（3）豚鼠：豚鼠性情温顺，用左手抓住其头、颈及背部皮肤拿起即可。抓取豚鼠需讲究稳、准、柔、快，不可过分用力抓捏豚鼠的腰腹部，否则容易造成肝破裂、脾淤血而引起死亡。

（4）兔：实验用家兔多数饲养在笼内，因此抓取比较方便，一般用一手抓住其颈背部皮肤稍提起，另一手托住其臀部，让兔呈坐位姿势捕捉，这样可以避免抓取过程中的动物损伤。不要抓住家兔双耳直接提起来，因家兔挣扎容易造成落地摔伤或兔耳神经根的损伤。

（5）猫：猫易激怒，简便的捕捉方法为：将猫诱入一已称重的尾龙口袋，扎紧袋口，连同口袋一起称重，然后减去口袋的重量，按体重隔着口袋进行腹腔注射麻醉。

（6）狗：狗易激怒，可在实验前与动物熟悉，使其配合实验。也可按下法捕捉：

1）上狗钳。两手分别握住钳两柄，打开钳夹住狗颈，使狗头固定不能伤人。

2）捆绑狗嘴。用一根粗绳在狗嘴绕一周，将上、下颌骨拉紧让狗嘴闭合。打一双环扣，在下颌成结后绕到双耳后，在颈部打结以防滑脱（图3-2）。捆狗嘴常用于静脉采血，而麻醉时，如果采用狗钳能制服狗，则可不用捆狗嘴。

图 3-2 捆绑狗嘴的步骤

3）绑四肢。用较粗绳子将四肢捆绑即可，常用于静脉采血。

（二）常用动物的固定方法

不同动物的固定方法不同，同一种动物不同的实验项目，其固定方法也不同。如腹部、胸部实验常用仰卧位，而头部实验则要俯卧位。同样是头部实验，脑电测量只要头部固定不动即可，而脑核团记录则要求头必须处于一特定水平位置，以便确定向深部核团插入电极的角度。

1. 狗的固定方法

（1）固定头：用狗头夹，先将狗舌头拉出，将狗嘴套入狗头夹的铁圈内，横铁条嵌入狗嘴内，然后旋转圈顶的下压杆使弧形铁扣下压到狗的鼻子上，仰卧位或俯卧位均可。

（2）固定四肢：先将粗棉绳套扣结，缚扎于踝关节上部，另一端固定于手术台上。

2. 猫的固定方法 猫常用做神经系统的实验，以俯卧位固定为主。头部实验时，左手握住猫的上、下颌骨，右手持耳棒插入其耳道内，使耳棒尽量插入到颅骨外耳道孔内，固定耳棒。对侧耳朵按同样方法固定。调节耳棒上的刻度使之对称，以确保猫头被固定于正中位置。将口腔固定器塞入猫口腔，用眼眶固定杆分别压到两眼下眶，然后调整口腔固定器和眼眶固定杆，并拧紧固定螺丝。躯体自然爬卧在手术台上。如猫头仰卧位固定，则用绳将猫的上犬齿固定于手术台柱上，再固定四肢。

3. 兔的固定方法 一般家兔的固定可分为盒式固定和台式固定。盒式固定适用于兔耳采血、耳血管注射等实验过程中，如果做血压测量、呼吸等实验时，则需将兔固定在兔台上，用棉绳将四肢活结绑在兔台四周的固定架上。用一根棉绳绕过兔门齿将头固定在兔台上。背位固定用棉绳拉住兔的上门齿固定于手术台柱上。也可用兔头架，先将兔颈嵌入半圆形铁圈，再将兔嘴套入可调铁环内。拧紧固定螺丝，再将长柄固定于手术台的固定柱上。俯卧位：让兔自然爬卧在手术台稍加固定即可。如果需行头颅实验时，固定方法与猫头固定相似（图 3-3）。

4.鼠的固定方法 仰卧位：用棉绳拉住鼠的上门齿，拴到手术台上。四肢分别用绳固定。俯卧位：用定位仪固定头部即可。

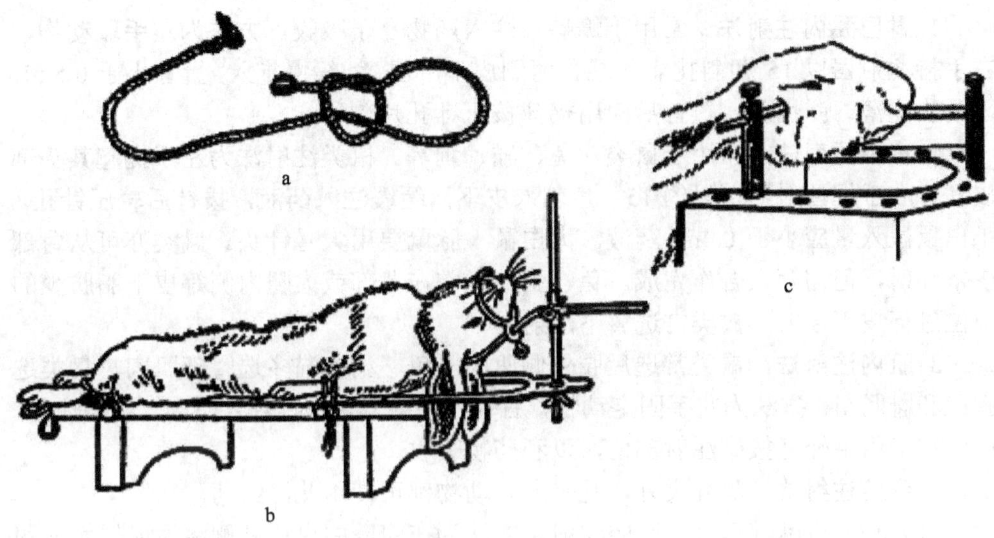

图 3-3　兔的固定法

a，固定四肢的扣结；b，兔背位固定；c，兔头固定方法

四、实验动物的给药方法

（一）经消化道给药

多采用灌胃法，若药物为固体剂型，可直接把药物放入动物口中，令其咀嚼后咽下，或将药物混入饲料或饮水中，让其服下。下面以大鼠为例，介绍灌胃法的操作。提起鼠尾，将大鼠放在粗糙面上，一手的拇指和中指分别放在大鼠的腋下，固定身体，食指放于颈部，固定鼠头。抓握大鼠背部使其头颈部伸直，腹部向上；另一手持灌胃针管，将灌胃管放在门齿和臼齿之间的裂隙，慢慢让灌胃管到达鼠的咽喉部，此时大鼠若有吞咽动作，顺势将灌胃管送入食管。若大鼠不吞咽，轻轻转动灌胃管刺激其做吞咽动作。灌胃过程中，注意观察大鼠的呼吸。如果灌胃管进入食管后鼠安静无呼吸异常，可将药物注入；如遇到阻力或动物憋气应迅速抽出重插，不能强插以免刺破食管或误入气管致动物死亡。在抓握动物时不能太紧，以免颈部皮肤后拉勒住食管影响灌胃管的插入。

（二）注射给药

1. 淋巴囊内注射法 常用于蟾蜍。注入药物易于吸收。方法为左手取动物，右手持注射器以15°角斜挑刺入尾骨两侧皮下淋巴囊，缓慢推入，量宜小于0.5ml，因动物皮薄，弹性差，拔针后应用棉球按压针孔片刻。

2. 皮下注射法 常用于鼠类、兔、猫、狗等。鼠类注射法为左手提起其头部皮肤，右手握注射器，以约15° 角刺入皮下，缓缓注入药液，拔针后轻压针孔。小白鼠注入量应小于0.4ml 药液。大白鼠、豚鼠要用大号针头。鼠类亦可从背部皮下注射，但需两人合作完成。兔、狗、猫常在背部或大腿内侧等皮下脂肪少的部位进行皮下注射，禽类常选翼下注射。

3. 肌内注射法 鼠类常选后肢外侧肌肉。兔、狗、猫多选臀部肌肉，鸟类选胸肌和腓肠肌。方法为左手固定动物，右手持注射器，垂直刺入肌肉，缓慢注射，注射完毕用手轻轻按摩注射部位，以利药物吸收。

4. 腹腔注射法 除蛙类外，几乎所有动物都可使用此法给药。

（1）猫：可麻醉后进行腹腔注射。方法为在腹壁中央稍外侧将注射器刺入腹腔，回抽无血液或腹腔内容物，则注入药液。

（2）鼠类：按小鼠捕捉法将鼠固定于左手，然后将鼠翻转使其腹部向上，右手持注射器，与腹部呈约 45°角从下腹部腹白线稍外侧刺入腹腔，回抽无血液，即可缓慢注入药物。

5. 静脉注射法

（1）鼠类：常选用尾静脉。先将鼠固定于特制的鼠筒内或倒置的玻璃罩下，使鼠尾外露，用 75%乙醇擦之使血管扩张。左手拉住尾端，右手持注射器（4～4.5 号针头），以约 15°角刺入扩张最明显的血管内，轻推药液，阻力不大，血管变色说明已注入静脉内；如果阻力大，局部变白，应重新刺入。注射部位先从远端开始，以便失败后逐步上移注射部位。

（2）豚鼠：常选用后掌外侧静脉，操作时一人捉豚鼠，露出一侧后肢，另一人去毛消毒后，用 4~5 号注射针头以约 15°角刺入静脉，轻轻推药。豚鼠的静脉壁很脆弱，操作时需小心。

（3）狗：常选用前肢内侧的皮下头静脉和后肢外侧的小隐静脉。剪毛消毒，在血管近心端先扎一条绷带，使血管充盈，左手握肢体，拇指向远端轻轻绷紧皮肤，右手持注射器，顺血管方向向心性刺入皮下，沿血管外平行走约 0.5cm 后，再刺入血管，有回血后即表明进入血管，放松近心端绷带，缓慢注入药物（图 3-4）。

（4）兔：常选用耳缘静脉。先拔毛，左手食指和中指夹住耳缘静脉近心端，使血管充盈；拇指和无名指固定耳朵，并与食指、中指绷紧注射部位，右手持注射器，顺血管方向刺入静脉 0.5~1cm，左手固定针头，右手缓慢注射。如阻力大或局部肿胀苍白，说明针头在血管外，应重新注射。应从血管远心端开始，以便逐次向近心端重复注射（图 3-5）。

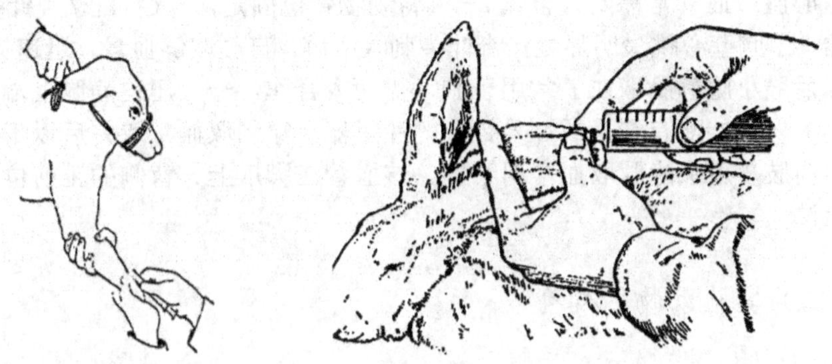

图 3-4　狗前肢皮下头静脉注射法和采血法　　图 3-5　兔耳缘静脉注射

五、实验动物的采血与处死

（一）常用的采血方法

1. 剪尾采血　常用于小白鼠和大白鼠，小量采血时用本法。固定动物并露出鼠尾，将尾部浸于 45℃的温水中数分钟（也可用二甲苯棉球擦拭或用灯光照射片刻），使尾部血管扩张，擦干后，用手术剪剪去尾尖 0.3~0.6cm，让血液滴入盛器或直接用吸管吸取。

2. 眼底球后静脉丛采血　常用于小白鼠和大白鼠，当需要中等量的血液而又须避免动物死亡时采用本法。用左手持小鼠，拇指及中指抓住颈部皮肤，食指按于眼后，使眼球轻度突出，眼底球后静脉丛淤血。右手持一段内径约 0.6mm 的毛细玻璃管（或配有磨钝的 7 号针头的 1ml 注射器），沿内眼眶后壁向喉头方向刺入，刺入深度小鼠为 2~3mm，大鼠为 4~5mm，当毛细玻璃管刺破静脉时，血沿毛细玻璃管上升，吸够血量后拔出。立即用吸管准确地从毛细玻璃管中吸取所需血量。若手法恰当，20~25g 的小鼠可采血 0.2~0.3ml，200~300g 的大鼠可采血 0.5~1.0ml。

3. 摘眼球取血　方法同上，右手持眼科镊将眼球摘除，血液从眼底球后静脉丛涌出，用吸管吸取血液。

4. 断头取血　常用于小白鼠和大白鼠，较大量取血而不保留动物生命时采用本法。捏住动物的颈背部皮肤，使其头略向下倾，用剪刀剪断鼠颈，让血液滴入盛器。小白鼠可采血 0.8~1.0ml，大白鼠可采血 5~8ml。

5. 耳静脉取血　常用于家兔。将家兔放在固定箱内，拔毛或用二甲苯棉球擦拭耳廓，使耳部血管扩张，用粗针头刺破耳缘静脉，或用刀片在血管上切口（方向可与血管平行或垂直）。血液自然流出。采血完毕，用干棉球压迫止血。

6. 心脏取血 常需两人合作。一人将动物背位固定，一人持配7号针头的10ml注射器，于胸壁心跳最明显处，将针头刺入心脏，直至取够血量，迅速拔出针头。

7. 后肢小隐静脉取血 常用于狗，需两人合作。一人压迫静脉上端，使静脉充血，另一人持配有7号或8号针头的注射器，穿刺取血，取完后以干棉球压迫止血。前肢皮下头静脉取血常用于狗。该血管在脚爪上方背侧的正前位，操作步骤同上法。

（二）实验动物的处死

实验结束后，在不影响动物实验结果的前提下，可对实验动物进行处死。处死的方法很多，可根据动物实验目的、实验动物品系以及需要采集标本的部位等因素，选择不同的处死方法。不论采取哪种方法，实验动物的处死必须遵循实验动物的伦理要求和动物福利法，按照人道主义原则处死实验动物，使动物在短时间内无痛苦地死亡。处死实验动物需要注意以下几点：一是要保证实验人员的安全；二是确认实验动物已经死亡；三是妥善处理好动物尸体，避免污染。以下是几种主要的处死方法。

1. 颈椎脱臼法 此法最常用于小鼠，一手用食指和拇指按压住小鼠头后部，另一手捏住鼠尾，用力向后上方牵拉，使之颈椎脱臼，脊髓与上位中枢离断而死亡。大鼠的处死也可用此法。

2. 空气栓塞法 多用于大动物的处死。注射器抽取空气后快速注入静脉或心脏，使动物发生血管的空气栓塞而致死。家兔一般选用耳缘静脉注射，注射量为10~20ml。

3. 大量放血法 大鼠可采用摘除眼球、断头、切开股动脉等方式使其失血而死。家兔可在麻醉后进行颈总动脉放血，可轻挤胸部使其大量失血致死。

4. 其他方法 蟾蜍和青蛙可断头，或用探针经枕骨大孔破坏脑和脊髓处死；其他动物也可选用电击法，过量麻醉等方法处死。

六、动物实验的基本操作技能

（一）备皮

1.去毛

（1）剪毛法：常用于急性实验。用一般弯剪刀贴皮肤依次将手术范围内的皮毛剪去。勿用手提起毛剪之，以免剪破皮肤。

（2）拔毛法：适用于大、小白鼠和家兔耳缘静脉，以及后肢皮下静脉的注射、取血等。

（3）剃毛法：用于大动物的慢性实验，用电剃刀顺着毛方向剃毛。

（4）脱毛法：用于无菌手术野备皮。小动物脱毛，脱毛剂配方：硫化钠 8g、淀粉 7g、糖 4g、甘油 5g、硼酸 1g、水 75g，调成稀糊状。用法：先将手术野的毛剪短，后用棉球涂一薄层脱毛剂，2~3min 后用温水洗净，擦干，涂一薄层油脂。鼠类亦可不用剪毛，直接涂脱毛剂。狗等大动物脱毛，配方：硫化碱 10g、生石灰 15g，加水至 100ml 拌匀。用法：术者戴耐酸手套，用纱布涂之，使狗毛浸透，等 2~3min 后洗净擦干，涂一薄层油脂。注意不可在脱毛前用水弄湿脱毛部位，以免脱毛剂渗入毛根，造成炎症。

2.消毒　常用于慢性实验，一般用 3%碘酊和 75%乙醇常规法消毒。

（二）切开与分离

1. 切开　皮肤切开，先用左手拇指和食指绷紧皮肤，右手持手术刀与皮肤垂直而切开皮肤和皮下组织，切口大小以便于手术操作为宜；组织切开应逐层进行，避免损伤神经、血管或其他器官。

2. 分离　可分为钝性和锐性分离两种。钝性分离挫伤性较大，但常可避免损伤神经和血管等，常用于分离肌肉包膜、器官和深筋膜等。锐性分离损伤较小，但要求准确，勿伤组织。

（1）颈动脉分离术：分别在颈部左右侧用止血钳拉开肌肉，于胸头肌与胸舌骨肌之间，可看到与气管平行的颈总动脉。它与迷走神经、交感神经、减压神经伴行于动脉鞘内（注意颈动脉有甲状腺动脉分支）。用玻璃分针小心分离颈动脉鞘，并分离出颈总动脉 3cm 左右，在其下面穿两条线，一线在近心端动脉干上打一虚结，供固定动脉套管用，另一线准备在头端结扎颈总动脉。

（2）迷走神经、交感神经、减压神经分离术：按上法找到颈动脉鞘，先看清三条神经走行后用玻璃分针小心分开颈动脉鞘，切勿弄破动脉分支。辨认三条神经，迷走神经最粗，交感神经次之，减压神经最细，且常与交感神经紧贴在一起（一般先分离减压神经）。每条神经分离出 2~3cm，并各穿两条不同色的盐水润湿丝线以便区分（图 3-6）。

（3）颈外静脉分离术：颈部去毛，从颈部甲状软骨以下沿正中线做 4~5cm 皮肤切口。夹起一侧切口皮肤，右手指从颈后将皮肤向切口顶起，在胸锁乳突肌外缘，即可见到颈外静脉。用玻璃分针分离出 2~3cm，下穿双线备用。静脉压测定常采用颈外静脉。

（4）股动脉、股静脉分离术

第一步：固定动物，在股三角区去毛，股三角上界为韧带，外侧为内收长肌，中部为缝匠肌。

第二步：沿血管走行方向切一个长 4~5cm 的切口。可以用止血钳钝性分离肌肉和深筋膜，暴露神经、动脉、静脉（神经在外，动脉居中，静脉在内）。

第三步：分离静脉或动脉，在下方穿线备用。用温盐水纱布覆盖于手术野。

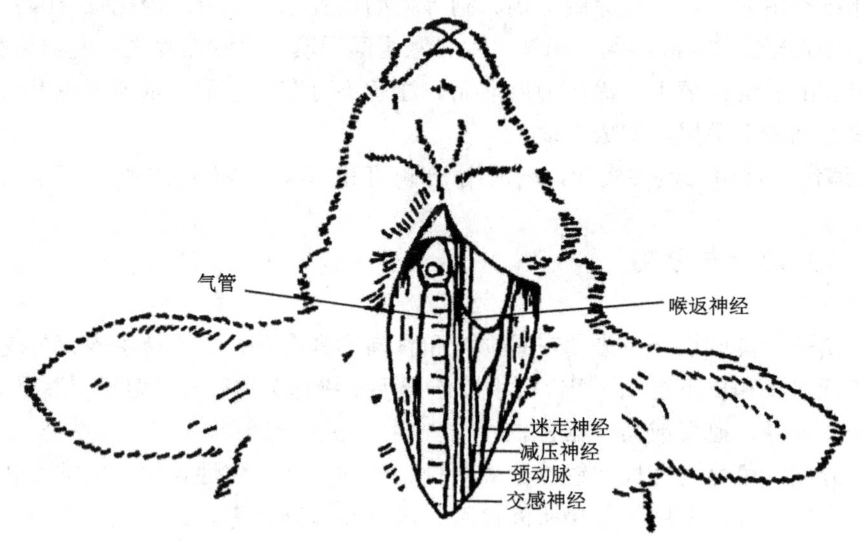

图 3-6　兔颈动脉、迷走、交感、减压神经示意图

（5）内脏大神经分离术

第一步：家兔内脏大神经分离术。兔麻醉固定，沿腹部正中线做 6~10cm 切口，并逐层切开腹壁肌肉和腹膜。用温盐水纱布推腹腔器官于一侧，暴露肾上腺，细心分离肾上腺周围脂肪组织。沿肾上腺斜外上方向，即可见一根乳白色神经（图 3-7），向上方通向肾上腺，并在通向肾上腺前形成两根分支，分支交叉处略膨大，此即为副肾神经节。分离清楚后，在神经下引线（不结扎）备用。

第二步：狗内脏大神经分离术同上法，暴露肾上腺。分离左侧内脏大神经时，向上方寻找半月交感神经节和内脏神经主干，用玻璃棒剥离盖在内脏大神经上的壁层腹膜，即可分离出内脏大神经。手术中要充分麻醉，防止反射性呼吸、心跳停止。

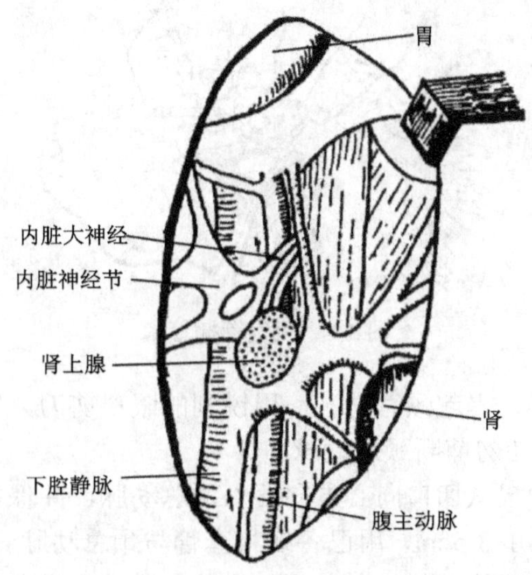

图 3-7　家兔内脏大神经分离术

[附]颈动脉窦分离术

在剥离出两侧颈动脉的基础上，继续谨慎地沿两侧颈动脉向上方深处剥离，直剥离到颈总动脉分叉之膨大部分，此为颈动脉窦处。剥离时勿损伤附近的血管和神经。

（三）插管技术

1. 气管插管术　气管插管术是哺乳类动物急性实验中常用手术，可保证呼吸通畅。在开胸实验时，气管插管可接人工呼吸机，气管插管也利于乙醚麻醉。

（1）背位固定动物，颈前区去毛，自甲状软骨下缘，沿下正中线做长 5～7cm 皮肤切口，逐层分离，暴露气管。分离气管与其背后的结缔组织，在气管下方（食管上方）穿粗线备用。

（2）在甲状腺下 0.5cm 处横向切开气管前壁，再向头端做纵向切口，使切口呈倒“T”形（“⊥”）。注意切口不宜大于气管直径的一半。若气管内有凝血块或分泌物，先用棉签擦拭干净。

（3）一手提线，另一只手插气管套管，用备用线扎牢并固定在侧管上，以防滑脱（图 3-8）。

2. 动脉插管术

（1）动脉插管管道系统排气泡，检查管道系统有无破裂，动脉套管尖端是否光滑，口径是否合适。

（2）尽可能靠头侧结扎颈总动脉。用动脉夹尽量靠近心脏端夹闭颈总动脉。两者之间保证 2~3cm 长，用以插管。

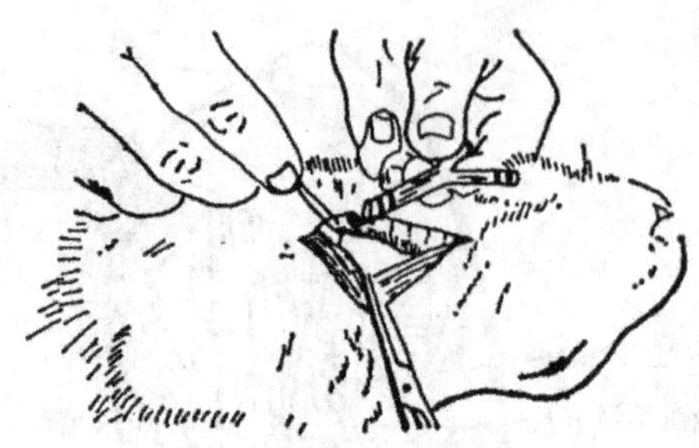

图 3-8 兔气管插管术

（3）用眼科镊子，提起颈总动脉，用锐利的眼科剪刀，靠结扎处向心性剪一“V”形切口。注意切勿剪断颈总动脉。

动脉套管盐水润湿从切口向心方向插入颈总动脉，并保持套管与动脉平行以防刺破动脉壁。插入 1~1.5cm，用已备线将套管与颈总动脉一起扎紧，以防脱落。

3. 静脉插管术 插管部位，兔在颈外静脉；猫、狗常在股静脉。在已分离好的静脉上，用线结扎离心端，在结的近心侧作一“V”形切口，将静脉套管向心性插入血管，结扎即可。

4. 其他插管技术 常因实验目的不同，需进行特殊插管术，如观察尿量需要膀胱插管或输尿管插管，观察某些药物对蛙心的影响时需要蛙心插管，做迷走神经和某些药物对胰液、胆汁分泌的影响时需在胰腺管或胆总管插管等。其插管方法与上基本相似。

七、实验动物用药量的换算

以实验动物作为研究对象进行药理毒理或药效学实验时，动物的用量成为实验开始的重要内容之一，涉及实验动物与人用药量换算的问题。一般说来，动物的耐受性要比人大，也就是单位体重的用药量动物比人要大。人的各种药物的用量在很多书上可以查到，但动物用药量可查的书较少，而且动物用的药物种类远不如人用得那么多。因此，必须将人的用药量换算成动物的用药量。一般可按下列比例换算：人用药量为 1，小白鼠、大白鼠为 25～50，兔、豚鼠为 15～20，狗、猫为 5～10。对于同种动物的不同个体之间，可用 mg/kg 或 g/kg 等形式来计算药物剂量。不同种类动物之间，用这种方法则常会发生严重偏小或过大。不同种类动物之间剂量的换算，则采用体表面积计算剂量的方法，即 mg/m^2。

（一）人和动物的体表面积计算法

1. 人体表面积计算法 计算我国人的体表面积，一般认为许文生氏公式较适用，即：

$$体表面积（m^2）=0.0061\times身高（cm）+0.0128\times体重（kg）-0.1529$$

2. 动物的体表面积计算法　有许多种，在需要由体重推算体表面积时，一般认为 Mech-Rubner 公式较适用，即：

$$A = K \times \frac{W^{\frac{2}{3}}}{10\,000}$$

式中的 A 为体表面积（以 m^2 计算），W 为体重（以 g 计算），K 为一常数，随动物种类而不同：小白鼠和大白鼠 9.1、豚鼠 9.8、家兔 10.1、猫 9.9、狗 11.2、猴 11.8、人 10.6（上列 K 值各家报道略有出入）。应当注意的是，这样计算出来的体表面积只是一种粗略的估计值，不一定与每个动物的实际值完全符合。

（二）人和实验动物之间的剂量换算

我们在实验中估算药物的剂量时，参考途径多是两种，一种是根据文献报道，参考他人使用的剂量，有时可以直接使用。但如果实验种属不同，或仅有临床用量，则需要进行换算。另一种方法就是根据文献报道这种药物的急性毒性数据来进行估算，以期采用合适的剂量，一般参考数据是 LD_{50}（半数致死量）。设计药效学给药剂量时多参考 LD_{50}，药效学给药剂量必须小于 LD_{50}，这样做出来的药效实验结果才有意义。至于药效实验给药剂量是多少，通常在药效预试时可按 LD_{50} 的 1/5、1/10、1/20 给药。应注意的是，同种动物因给药途径的不同药物剂量也不同。

1. 折算系数法　折算系数法是目前多数人在科研工作中采用的剂量换算方法，参考是徐叔云教授主编的《药理实验方法学》中的一个附表（表 3-2）。

表 3-2　人和动物间按体表面积折算的等效量比值表

	小白鼠（20g）	大白鼠（200g）	豚鼠（400g）	家兔（1.5kg）	猫（2.0kg）	猴（4.0kg）	狗（12 kg）	人（70kg）
小白鼠（20g）	1.0	7.0	12.25	27.8	29.7	64.1	124.2	387.9
大白鼠（200g）	0.14	1.0	1.74	3.9	4.2	9.2	17.8	56.0
豚鼠（400g）	0.08	0.57	1.0	2.25	2.4	5.2	4.2	31.5
家兔（1.5kg）	0.04	0.25	0.44	1.0	1.08	2.4	4.5	14.2
猫（2.0kg）	0.03	0.23	0.41	0.92	1.0	2.2	4.1	13.0
猴（4.0kg）	0.016	0.11	0.19	0.42	0.45	1.0	1.9	6.1
狗（12kg）	0.008	0.06	0.10	0.22	0.23	0.52	1.0	3.1
人（70kg）	0.0026	0.018	0.031	0.07	0.078	0.16	0.32	1.0

举例说明：

若人的临床剂量为 X mg/kg，换算为小鼠的剂量为

小鼠的剂量= X mg/kg ×70kg×0.0026/20g= X mg/kg ×70kg×0.0026/0.02kg

=9.1X mg/kg

以此类推可算出其他动物的剂量。如

大鼠的剂量=X mg/kg ×70kg×0.018/200g= X mg/kg ×70kg×0.018/0.2kg

=6.3X mg/kg

豚鼠的剂量= X mg/kg ×70kg×0.031/0.4kg=5.42X mg/kg

兔的剂量= X mg/kg ×70kg×0.07/0.5kg=3.27X mg/kg

狗的剂量= X mg/kg ×70kg×0.32/12kg=1.87X mg/kg

猫的剂量= X mg/kg ×70kg×0.87/2.0kg=2.73X mg/kg

猴的剂量= X mg/kg ×70kg×0.06/4.0kg=1.05X mg/kg

以上例子简单说来就是，按单位体重的剂量来算，小鼠、大鼠、豚鼠、兔、狗、猫和猴的等效剂量分别相当于人的 9.1 倍、6.3 倍、5.42 倍、3.27 倍、1.87 倍、2.73 倍和 1.05 倍。

2. 体表面积计算法 转换公式：A 动物的体表面积/B 动物的体表面积=A 动物的给药剂量/B 动物的给药剂量。

例如，70kg 的人平均体表面积是 1.73m^2，200g 大鼠的体表面积约 0.0306m^2。

体表面积比：大鼠/人=0.0306/1.73=0.0177≈0.018（折算系统数值就按此方法计算得出的结果）。

200g 大鼠的给药剂量=70kg×X×0.018/200g=6.3X mg/kg

从上面的计算可以看出，应用体表面积计算出的数据更加准确，但从方便程度上看，折算系数法更加方便。实际上折算系数也是按照体表面积计算而来，但折算系数规定了动物的质量，当动物的质量发生变化时，折算系数法得到数值与体表面积法就有一定的误差。

八、实验动物的饲养

（一）实验动物的环境控制

实验动物需要在人工环境中生长、繁殖和进行实验干预。实验动物生存的周围环境可影响到动物的生理生化水平，从而影响到实验数据的真实性和准确性。实验动物只有在舒适稳定的环境中生长发育、繁殖，才能更好地反映于实验效果。实验动物的环境控制是实验动物标准化的主要内容之一。严格控制实验动物环境可保证实验动物的健康和质量的标准化，另外，合乎标准的环境，可为实验动物

和动物实验工作者提供适宜的条件，并保证人们身体健康，不受危害因素的伤害。

1. 实验动物环境设施的分类

（1）按设施功能分类：包括实验动物的繁育、生产设施、动物实验设施、特殊动物的实验设施。

（2）按微生物控制程度分类：包括普通环境、屏障环境和隔离环境。

1）普通环境：满足实验动物饲养的基本环境要求，不能完全控制传染因子，适用于饲养教学用途的普通级别动物。

2）屏障环境：饲育SPF级实验动物，动物来源于无菌、悉生和SPF动物种群。该环境严格控制人员、物品和环境空气的进出。

3）隔离环境：采用无菌隔离器以保证无菌或无外来污染。隔离器内的一切包括空气、饲料、水、垫料和设备均为无菌。动物来自无菌或其剖腹产后后代。人不能直接接触动物，所有操作通过附着于隔离器上的橡胶手套进行。

（3）按设施的平面布局分类：包括单走廊式、双走廊式和三走廊式。

2. 影响实验动物环境的因素

（1）气候因素：包括有温度、湿度、气流和风速等。

1）温度：动物实验室的最佳温度是21～27℃。环境温度可影响动物的繁殖能力、抵抗力、器官重量以及动物对实验的反应性等。

2）湿度：实验动物的最适宜相对湿度是40%～70%。湿度偏高时，病原微生物和寄生虫容易滋生和繁殖、垫料、饲料易霉变，从而影响到动物健康。湿度偏低时，室内灰尘易飞扬，动物易患呼吸道疾病，大鼠易患环尾病。

3）气流和风速：实验动物单位体重的体表面积比人大，气流对实验动物的影响也很大。气流速度过小，空气流通不良，易造成呼吸道疾病的传播；气流速度过大，动物体表散热量增加，同样危害动物的健康。合理的气流和风速能调节温度和湿度，有效降低室内粉尘和有害气体，从而控制传染病的发生和传播。

（2）理化因素：包括有光照、噪声、粉尘、有害气体、杀虫剂和消毒剂等。这些因素可影响动物各生理系统的功能及生殖功能，需要严格控制，并实施经常性的监测。

1）光照：适当的光照对动物的健康有益。但环境中的光照度、光线波长和明暗交替时间均可影响实验动物的生长发育。

2）噪声：噪声是影响实验动物重要的环境因素。噪声过大可引起动物的烦躁不安、紧张、呼吸急促、心率加快、肾上腺皮质激素升高等一系列生理变化。

3）空气洁净状况：动物饲养室空气中漂浮的粉尘、有害气体或消毒剂等可影响空气的洁净状况，对动物的呼吸系统、消化系统、皮肤等造成不同程度的伤害，影响动物的健康。

（3）生物因素：是指实验动物饲育环境中，特别是动物个体周边的生物状况。包括动物的社群状况、饲养密度、空气中微生物的状况等。例如，在实验动物中许多种类，都有能自然形成具有一定社会关系群体的特性。对动物进行小群组合时，必须考虑到这些因素。不同种之间或同种的个体之间，都应有间隔或适合的距离。另外，对实验动物设施内空气中的微生物有明确的要求，动物等级越高要求越严格。

（二）实验动物的营养

动物需要的营养物质达数十种，可以概括为七大类，即蛋白质、脂肪、糖类、矿物质、维生素、纤维素和水。这些物质来源于饲料。各种实验动物对以上所提到的营养素的需要量是不同的，除受遗传因素影响而存在明显的种间差异外，还因性别、年龄、生理状况而不同。

实验动物的营养需要是指满足动物维持正常生长发育、繁殖所需的各种营养素的需要量。保证动物足够量的营养供给是维持动物健康和提高动物实验结果的重要因素。实验动物的营养需要包括：①动物维持的营养需要。维持是指健康动物体重不发生变化，不进行生产，体内各种营养物质处于平衡状态。维持需要量是指动物处于维持状态下对能量、蛋白质等营养素的需要。②动物生长的营养需要。同一动物由于在不同生长阶段和生长时期对营养的需要也不同。③动物繁殖的营养需要。动物的繁殖过程包括两性动物的性成熟、受精、妊娠及哺育等许多环节，要求在不同的繁殖过程提供适宜的营养物质。

（三）几种主要实验动物的饲养

1. 小鼠

（1）营养需要特点：小鼠喜食含糖量高的饲料，糖类的比例可适当加大。泌乳期小鼠喜食含脂类高的饲料，小鼠对维生素 A 和维生素 D 的需要量较高，可增加 0.1%～1%的鱼肝油。但由于小鼠对于维生素 A 的过量敏感，尤其是妊娠小鼠会出现繁殖紊乱、胚胎畸形。所以在饲养过程中予以注意。小鼠饲料中含有 16%左右的蛋白质即可满足需要。

（2）环境：对环境适应性的自体调节能力和疾病抗御能力较其他实验动物差。因此要保持温度 18～22℃，湿度 50%～60%，饲养室内空气新鲜。小鼠所用垫料应有强吸湿性、无毒、无刺激气味、无粉尘、不可食，而且垫料需经消毒灭菌处理。每周更换垫料和清洗鼠笼 1～2 次，室内定期消毒。

（3）饲养：小鼠属于杂食动物，有多餐习性。其胃容量小，随时采食。成年鼠采食量一般为 3～7g / d，幼鼠一般为 1～3g / d。应每周添料 3～4 次，在鼠笼的料斗内应经常有足够量的新鲜干燥饲料。小鼠的水代谢很快，应保证足够的饮水。可用饮水瓶给水，每周换水 2～3 次，要保证饮水的连续不断，应常检查瓶塞，防止瓶塞漏水造成动物溺死或饮水管堵塞使小鼠脱水死亡。为避免微生物污染水瓶，换水时应清洗水瓶和吸水管。

2. 大鼠

（1）营养需要特点：大鼠对蛋白质的需要量为15%～20%（饲料中的含量）。在生长期以后蛋白质需要量锐减，适当减少饲料中蛋白质含量，可延长其寿命。生长期的大鼠易发生脂肪酸缺乏，饲料中必需脂肪酸的需要量应占热能物质的1.3%，一般饲料中应当添加脂肪。大鼠对钙、磷的缺乏有较大的抵抗力，但对镁的需要量较高。

（2）环境：最适宜的环境为21～27℃。相对湿度50%～70%。湿度在40%以下大鼠易发生环尾病。在低温度条件下，小鼠和大鼠的哺乳雌鼠常发生吃仔现象，此外仔鼠也常出现发育不良。饲养室应保持洁净，门窗、墙壁、地面应该经常清洁，定期消毒。饲养员也应注意个人的消毒。垫料每周更换2～3次。光照对大鼠的生殖生理行为影响较大，外界强光，能引起白化大鼠视网膜变性和白内障。所以在顶层大鼠笼上应装光线挡板。

（3）饲养：制订规范的饲养管理条例。及时观察大鼠的吃料饮水量、活动程度、双目是否有神、尾巴颜色等。记录饲养室温度、湿度、通风状况。大鼠生产笼号、胎次、出生仔数等。大鼠具有随时采食的习惯，饲料的添加原则为“少量多次”，保证其充足干净的饮水。一级大鼠的饮水应符合城市饮水卫生要求，二级大鼠使用pH2.5～2.8的酸化水，SPF大鼠则用高温高压灭菌水。大鼠饲料与水的消耗比例为1∶2。饲料中需注意补充维生素K。

3. 豚鼠

（1）营养需要特点：豚鼠属于粗纤维饲料类型动物，对饲料中粗纤维的含量有较高要求，一般应在30%以上，否则可出现严重的脱毛现象。豚鼠不能自身合成维生素C，对维生素C的缺乏特别敏感，可引起坏血病、生殖功能下降、生长不良、抵抗力降低甚至导致死亡，所以必须在饲料中补充。一般每只成年豚鼠每日需要量为10mg，繁殖豚鼠为30mg。豚鼠对某几种必需氨基酸需要量很高，其中最重要的是精氨酸。用单一蛋白质饲料若不补充其他氨基酸，则饲料中蛋白质含量需高达35%才能生长最快。

（2）环境：豚鼠听力好，对外来的震动和声响较敏感，因此饲养时注意保持安静，噪声控制在60dB以下。豚鼠的适应温度为18～29℃，相对湿度50%～70%。饲养室保持经常换气。豚鼠的活动性强，比其他啮齿类动物对生活空间的需求大，故应采用笼架或大盒进行饲养。墙面、地面、食具以及笼具等应经常清洁消毒。垫料可用干草或稻草，这样一方面可以在豚鼠受惊奔逃时藏身，也可以让豚鼠啃咬补充纤维素。

（3）饲养：采用豚鼠专用的高蛋白质，高纤维的颗粒饲料，辅以少量清洁青菜。但由于青饲料的微生物状况难以控制，也可以采用维生素合剂代替青饲料。

豚鼠对变更食物容易产生不适应或拒食行为，对限量饲喂也不易适应。饲养中注意维生素 C 的补充，补充的方式可采用喂食含维生素 C 的颗粒料，也可用蒸馏水或去离子水溶解维生素 C 饮水。

4. 家兔

（1）营养需要特点：家兔是草食动物，应保证饲料中的粗纤维在 12%以上，不足易引起消化性腹泻。对于蛋白质饲料中含有 15%左右即可满足。在必需氨基酸中，应补充精氨酸和赖氨酸。兔肠道微生物可以合成维生素 K 和大部分 B 族维生素，并通过食粪行为而被其自身所利用，但对繁殖兔仍需补充维生素 K。

（2）环境：饲养室需通风干燥，有相对稳定的温度和湿度。家兔胆小易惊，受惊后可引起食欲减退，精神紧张不安，安静的环境可促进兔的生长发育。饲养室保持清洁卫生，地面、兔笼、食具应定期清洗消毒。

（3）饲养：家兔易受饲料或环境条件的影响，如细菌、霉变饲料、露水草、高温、惊吓等都可导致家兔发病。注意兔的精神、食欲、粪便和尿液状况。饲养采用全价营养颗粒饲料，为补充粗纤维，可补充苜蓿草或新鲜青饲料。投食时定时定量，防止过食或不足。家兔有昼伏夜行的习性，所以在夜间添足饲料和水十分重要。另外，家兔有啃咬习性，饲料应有一定的硬度，以保证牙齿的正常长度。

5. 狗

（1）营养需要特点：狗是肉食性动物，必须供给足够的脂肪和蛋白质。饲料中动物性蛋白质要占总摄入蛋白质的 30%左右。狗能耐受高水平的脂肪，并要求日粮中有一定水平的不饱和脂肪酸。狗的维生素 A 需要量较大。尽管肠道内微生物可合成 B 族维生素，但仍需要补充维生素 B。

（2）环境：狗可散养或笼养。犬房要向阳，有运动场，周围要有网墙以及自来水管等清洗设施。犬房和运动场大小，依使用目的、犬的大小和饲养数量而定。如笼养饲养，笼的长宽高为 80cm×80cm×100cm。此笼可饲养中型实验犬 1 只或幼犬 2～3 只。要按大小、强弱分群饲养，个别弱的和凶猛的需单独饲养。保持环境卫生，冬暖夏凉。

（3）饲养：狗的饲料多样，可用颗粒饲料，也可喂煮熟的米饭、馒头等。应注意各种营养的搭配。喂量以体重而定，为吃饭而不肥胖为度。每日喂食 2～3 次。保证干净充足的饮用水。仔犬、授乳繁殖母犬在日粮中注意补充钙、磷和鱼肝油。狗有与人为伴和服从命令的习性，在饲养繁殖用犬和慢性实验用犬时，从喂食开始就进行调教，最好能做到叫得来、牵得走。

6. 猫

（1）营养需要特点：猫对蛋白质的需要高，尤其是生长期猫对蛋白质数量和质量都要求较高。猫对脂肪需要量较高，特别是初生小猫，要求高脂肪酸日粮，其中亚油酸的水平不能低于 1%。猫属于不能利用 β-胡萝卜素作为维生素 A 来源的动物，因此在饲料中应补充维生素 A，维生素 E 的需求量也较高。

（2）环境：实验猫要有一个舒适的饲养环境。猫舍要宽敞，给猫足够的活动空间。通风透光，干燥清洁。室内温度一般为18～29℃，湿度40%～70%，照明14h。猫有爱清洁的特性，猫窝里的垫料要经常更换和清洗，要随季节变化适当增减铺垫物。食具和水盆要及时清洁。猫有固定大小便的习惯，还应准备一便盆，便盆内铺上锯末或沙子，注意经常清洁。

（3）饲养：猫属于肉食性动物，饲养时注意饲料的合理搭配。可喂颗粒料、肉罐头和煮熟的米面搭配，要补充维生素A、维生素D和维生素B。每天喂食2～3次。荤料应占30%～40%，不要喂变质多刺的鱼。每只猫每天给水100～200ml。饲料和饮水均应保持清洁卫生。

（闫福曼　李小英）

第四章　生理学基本实验

实验一　反射弧分析

【实验目的与原理】

通过观察某些反射活动，了解反射弧的完整性与反射活动的关系。

在中枢神经系统参与下机体对刺激发生的有适应意义的反应过程称为反射。反射弧的结构和功能的完整是实现反射活动的必要条件。反射弧的任何环节发生障碍或受到破坏，这一反射活动将发生紊乱或不能出现。

【实验对象】

蛙或蟾蜍。

【实验器材与药品】

蛙类手术器械、刺蛙针、铁支架、铁夹、培养皿、玻璃杯，电子刺激器及刺激电极、棉球、2%硫酸液、蛙板、滤纸片等。

【实验方法与步骤】

1. 制备脊蛙　用刺蛙针于蛙枕骨大孔处刺入颅腔将脑组织捣毁，保留脊髓，制成脊蛙（图 4-1）。

2. 暴露右侧坐骨神经　将脊蛙俯卧固定在蛙板上，背侧剪开右大腿皮肤，沿坐骨神经沟处纵向分离股二头肌和半膜肌，暴露右坐骨神经，并穿线备用。

3. 悬吊　用铁夹夹住脊蛙下颌，悬吊在铁支架上（图 4-2）。

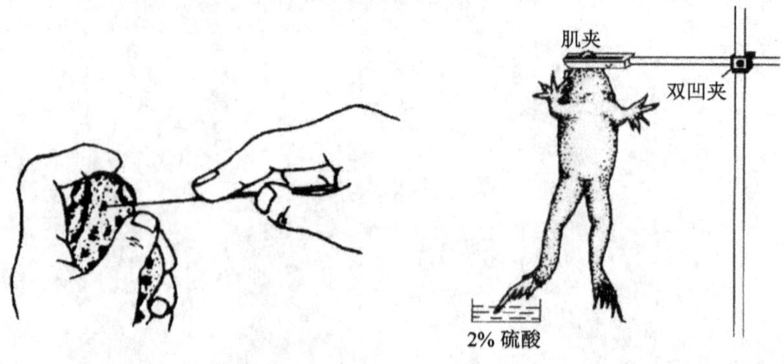

图 4-1　破坏蛙脑和脊髓的方法　　　图 4-2　反射弧分析实验装置

【观察项目】

1.2%硫酸刺激左趾尖，用培养皿盛硫酸溶液少许，将蛙左侧趾尖浸入硫酸液中，观察屈腿反射有无发生，然后用烧杯盛自来水洗去皮肤上的硫酸溶液。

2.剥去左足皮肤后重复项目 1。

3.2%硫酸刺激右趾尖，用培养皿盛硫酸溶液少许，将蛙右侧趾尖浸入硫酸液中，观察屈腿反射有无发生，然后用烧杯盛自来水洗去皮肤上的硫酸溶液。

4.剪断右坐骨神经后重复项目 3。

5.用 2%硫酸滤纸贴蛙腹部皮肤，观察是否有搔爬反射。

6.用刺蛙针于蛙枕骨大孔处刺入脊髓，破坏蛙脊髓后重复项目 5。

【注意事项】

1.电刺激强度不宜过强，选连续单刺激。

2.硫酸刺激后，需用清水洗净脚趾上的残余硫酸，并用毛巾轻揩干。

【实验讨论与思考】

什么是反射？分析实验中所观察到的现象，从实验中可得出什么结论？

（关　莉）

实验二 坐骨神经干-腓肠肌标本制备与阈强度测定

【实验目的与原理】

学习生理学实验基本的组织分离技术，掌握制备蛙类坐骨神经-腓肠肌标本的方法，掌握阈强度的测定方法，分析阈强度和兴奋性的关系。

蛙类的一些基本生命活动和生理功能与恒温动物相似，若将蛙的神经-肌肉标本放在任氏液中，其兴奋性在几个小时内可保持不变。若给神经或肌肉一次适宜刺激，可在神经和肌肉上产生一个动作电位，肉眼可看到由神经支配的肌肉收缩和舒张一次，表明神经和肌肉产生了一次兴奋。在生理学实验中常利用蛙的坐骨神经-腓肠肌标本研究神经、肌肉的兴奋和兴奋性，刺激与反应的规律和肌肉收缩的特征等，制备坐骨神经腓肠肌标本是生理学实验的一项基本操作技术。

具有兴奋性的组织能接受刺激发生反应。但刺激要引起组织兴奋，其强度和作用时间及强度对时间的变化率都必须达到一定的阈值。在其他两个参数固定的情况下，能引起组织发生兴奋的最小刺激强度称为该组织的阈强度。它可以作为测量兴奋性大小的指标。阈强度小，表示组织兴奋性高；阈强度大，则兴奋性低。不同组织的兴奋性高低各有不同，同一组织在不同情况下其兴奋性也有所不同。

【实验对象】

蟾蜍或蛙。

【实验药品、仪器与器械】

任氏液、普通剪刀、手术剪、眼科镊（或尖头无齿镊）、金属探针（解剖针）、玻璃分针、蛙板（或玻璃板）、蛙钉、细线、培养皿、滴管。

【实验方法与步骤】

1. 破坏蛙的脑和脊髓 用刺蛙针于蛙枕骨大孔处分别刺入颅腔和脊髓破坏脑、脊髓。

2. 剪除躯干上部、皮肤及内脏 用左手捏住蟾蜍的脊柱，右手持粗剪刀在骶髂关节水平面（第 4 腰椎水平）靠头端 0.5～1cm 处剪断脊柱，然后左手握住蟾蜍的后肢，紧靠脊柱两侧将腹壁及内脏剪去（注意避开坐骨神经），并剪去肛门周围的皮肤，留下脊柱和后肢（图 4-3）。

3. 剥皮 一只手捏住脊柱的断端（注意不要捏住脊柱两侧的神经），另一只手捏住其皮肤的边缘，向下剥去全部后肢的皮肤（图 4-4）。将标本放在干净的任氏液中。将手及使用过的探针、剪刀全部冲洗干净。

4. 分离两腿 用镊子取出标本，左手捏住脊柱断端，使标本背面朝上，右手用粗剪刀剪去突出的骶骨。然后将脊柱腹侧向上，左手的两个手指捏住脊柱断端的横突，另一手指将两后肢担起，形成一个平面。此时用粗剪刀沿正中线将脊柱盆骨分为两半（注意勿伤坐骨神经）。将其中一半后肢标本置于任氏液中备用，另一半放在蛙板上进行下列操作。

5. 辨认蛙后肢的主要肌肉　蛙类的坐骨神经是由第7~9对脊神经从相对应的椎间孔穿出汇合而成，行走于脊柱的两侧，到尾端（肛门处）绕过耻骨联合，到达后肢背侧，行走于梨状肌下的股二头肌和半膜肌之间的坐骨神经沟内，到达膝关节腘窝处有分支进入腓肠肌。

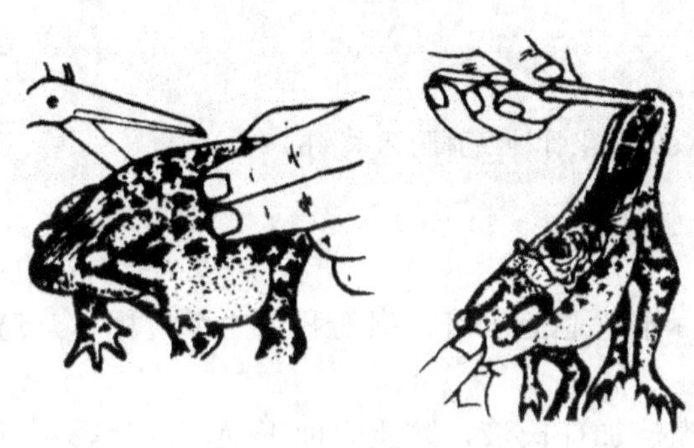

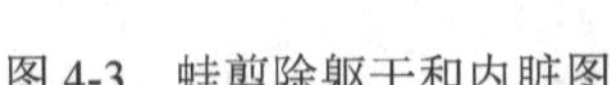

图4-3　蛙剪除躯干和内脏图

图4-4　蛙剥去后背及后肢皮肤

6. 游离坐骨神经和腓肠肌　用蛙钉或左手的两个手指将标本绷直、固定。先在腹腔面用玻璃分针沿脊柱游离坐骨神经，然后在标本的背侧于股二头肌与半膜肌的肌肉缝内将坐骨神经与周边的结缔组织分离到腘窝，但不要伤及神经，其分支用手术剪剪断。同样用玻璃分针将腓肠肌与其下的结缔组织分离并在其跟腱处穿线、结扎。

7. 剪去其他不用的组织　操作应从脊柱向小腿方向进行。

（1）剪去多余的脊柱和肌肉：将后肢标本腹面向上，将坐骨神经连同2～3节脊椎用粗剪刀从脊柱上剪下来。再将标本背面向上，用镊子轻轻提起脊椎，自上而下剪去支配腓肠肌以外的神经分支，直至腘窝（图4-5a），并搭放在腓肠肌上。沿膝关节剪去股骨周围的肌肉，并将股骨刮净，用粗剪刀剪去股骨上端的1/3（保留下端2/3），制成坐骨神经-小腿的标本。

（2）完成坐骨神经腓肠肌标本：将脊椎和坐骨神经从腓肠肌上取下，提起腓肠肌的结扎线剪断跟腱。用粗剪剪去膝关节以下部位，便制成了坐骨神经-腓肠肌标本（图4-5b）。

8. 标本阈强度的测定　用电刺激刺激坐骨神经，先把刺激强度（电压）调至最小，然后逐渐增大刺激强度，每增大一次，给予一次刺激，直到刚能引起肌肉收缩时，刺激器上电压的幅度就代表该标本的阈强度（或阈值）。

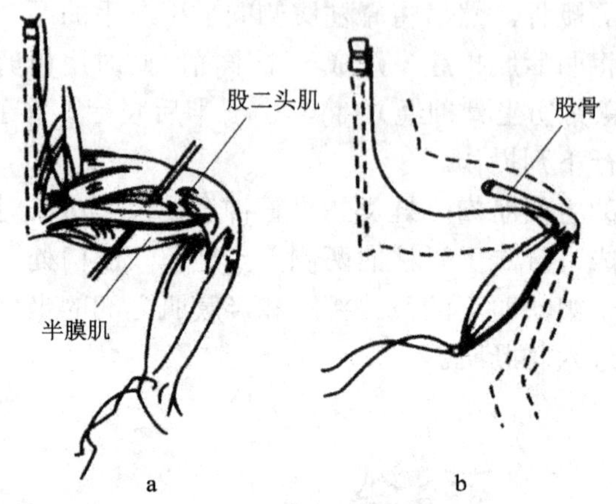

图 4-5　分离坐骨神经（a）和坐骨神经腓肠标本（b）

【注意事项】

1.避免蟾蜍体表毒液和血液污染标本，避免压挤、损伤和用力牵拉标本，避免用金属器械触碰神经干。

2.在操作过程中，应给神经和肌肉滴加任氏液，防止表面干燥，以免影响标本的兴奋性。

3.标本制成后须放在任氏液中浸泡数分钟，使标本兴奋性稳定，再开始实验，效果会较好。

【实验讨论与思考】

1.用电刺激检验标本兴奋性时，为什么要从中枢端开始？

2.刺激有几种形式？

3.捣毁脑、脊髓后的蟾蜍应有何表现？

4.制备好的神经肌肉标本为何要放在任氏液中？

5.如何判断制备的神经肌肉标本的兴奋性？

6.用电刺激神经，为何会引起肌肉收缩？

（关　莉）

实验三　神经干动作电位的引导

【实验目的与原理】

学习蛙类坐骨神经标本的制备方法；学习神经干动作电位的记录方法；学习潜伏期、幅值及时程的测量，进一步理解神经的兴奋性、阈强度等基本概念。

动作电位是可兴奋组织受到有效刺激时，在静息电位的基础上产生的一个连续的膜电位瞬态变化过程。单根神经动作电位具有“全或无”的特性，神经干由若干条神经纤维组成，由于神经纤维直径不同、兴奋性不同，其动作电位是复合动作电位，因此神经干动作电位幅度在一定范围内将随着刺激强度的增大而增大。神经纤维兴奋表现为动作电位的产生及传导，神经动作电位是神经兴奋的标志。根据引导方式的不同，所记录到的动作电位可以是双相的或单相的。

本实验利用 BL-420E 生物机能实验系统，引导、记录神经干的复合动作电位，并观察蛙坐骨神经干动作电位的基本波形、潜伏期、幅值及时程，观察不同刺激强度对神经干动作电位的影响。

【实验对象】

蟾蜍或蛙。

【实验器材与药品】

BL-420E 生物机能实验系统、蛙手术器械一套、神经标本屏蔽盒，滤纸、棉球、滴管、任氏液、培养皿。

【实验方法与步骤】

1. 制备坐骨神经-胫、腓神经标本　按坐骨神经-腓肠肌标本制作方法游离坐骨神经至腘窝处，在腓肠肌两侧沟内找到胫神经、腓神经，游离至踝关节；在坐骨神经起始端及胫、腓神经末梢端用线结扎，并剪去细小的神经分支。将制备好的神经标本浸泡在任氏液中数分钟备用。

2. 实验系统的连接

（1）仪器连接与调试：按图 4-6 的提示连接好仪器。将刺激电极一端插入刺激器输出口，另一端连至神经标本屏蔽盒的刺激电极接线柱（S_1、S_2）。将记录电极（R_1、R_2）导线插入 1 通道（CH_1）。神经标本屏蔽盒中央的接线柱接地。

（2）使用 BL-420E 生物机能实验系统：在 Windows 操作系统界面，启动 BL-420E 生物机能实验系统，在“实验项目”菜单中选择“肌肉神经实验”，在下拉菜单中选择“神经干动作电位的引导”实验。适当调节增益值和扫描速度，增益为 200，扫描速度为 1.0s/div。在“设置刺激器参数”对话框中设置如下参数：模式，粗（正）电压；方式，单刺激；强度，1V；波宽，0.1ms；延时，10.0ms。

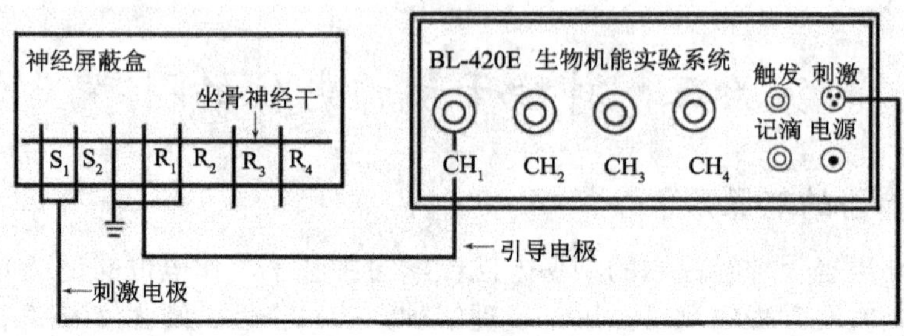

图 4-6 神经干动作电位引导图

【观察项目】

1. 双相动作电位 用小镊子夹住神经标本的结扎线，将神经标本移放在刺激电极和记录电极上。粗的一端放在刺激电极上，细的一端放在记录电极上。适当调节刺激强度，启动刺激器即可记录到双相动作电位，如图 4-7a。观察刺激伪迹、双相动作电位的波形，注意第一相和第二相是否对称。测量其潜伏期、时程和幅值。

2. 单相动作电位 上述刺激及记录条件不变，用小镊子在两个引导电极 R_1 和 R_2 之间夹伤坐骨神经干，此时可见双相动作电位的第二相消失，成为单相动作电位，图 4-7b。

3. 刺激强度与动作电位幅值的关系 用上述记录的单相动作电位进行如下实验：将刺激强度调至 0，并从 0 开始逐渐增大，直至在荧光屏上刚好可以见到一超出零线水平的电位变化，记下此时的刺激强度，即为最小刺激，然后逐渐增大刺激强度，观察动作电位是否随刺激强度的递增而增大，注意在此过程中刺激伪迹有何变化。待动作电位的幅值不再随刺激强度而增大时，记下此时的刺激强度（最大刺激）。再继续增加刺激强度，注意伪迹是否仍在增大。

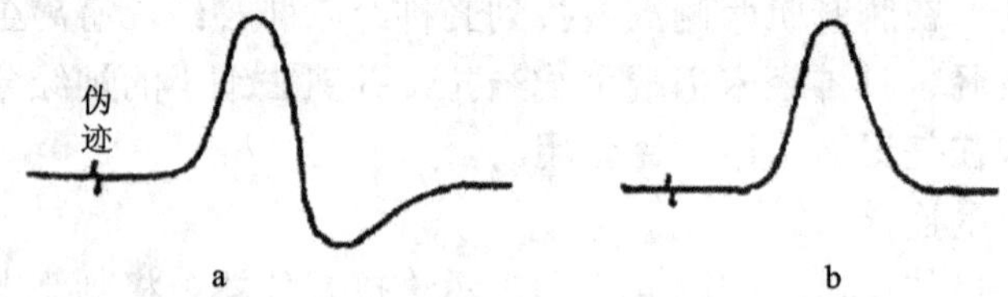

图 4-7 双相动作电位和单相动作电位波形

a，双向动作电位；b，单相动作电位

【注意事项】

1.制备坐骨神经干标本时应小心、仔细清除附着于神经干上的结缔组织及血管，避免损伤神经。

2.经常保持神经标本湿润。

【实验讨论与思考】

1.解释双相动作电位和单相动作电位的产生原理。

2.通常所记录的双相动作电位的两相为何在波形、幅值上不对称？在什么情况下才可记录到对称的双相动作电位？

3.单根神经纤维动作电位的特点是全或无，为什么实验中在一定范围内神经干动作电位的幅值随刺激强度的增加而增大；但达到一定强度时，动作电位的幅值又不再随刺激强度的增加而增大？

（刘海梅）

实验四　神经干兴奋传导速度的测定

【实验目的与原理】

学习测定神经干兴奋传导速度的基本原理及方法。

神经纤维受到有效刺激后，产生动作电位，并按一定的速度向远处扩布传导。神经纤维兴奋传导速度因其直径大小、有无髓鞘各不相同。蛙类的坐骨神经干属于混合性神经，其中包含有粗细不等的各种纤维，其直径一般为3～29μm，其中直径最粗的有髓纤维为A类纤维，传导速度在正常室温下为35～40m/s。传导速度可由测定神经冲动所经过的路程和消耗的时间来计算，即 $v=d/t$。

【实验对象】

蟾蜍或蛙。

【实验器材与药品】

BL-420E生物机能实验系统、蛙类手术器械一套、神经屏蔽盒、换能器、任氏液、滴管等。

【实验方法与步骤】

1. 制备坐骨神经-胫、腓神经标本　方法同“实验三”。

2. 仪器连接　连接BL-420E生物系统与神经标本屏蔽盒。引导电极使用两对，近刺激端的一对（R_1、R_2），远离刺激端的一对（R_3、R_4），生物机能实验系统使用两个通道（CH_1、CH_2）。

3. 连接标本　将坐骨神经干标本置于屏蔽盒内的电极上，神经干的中枢端置于刺激电极一端。

4. 使用BL-420E生物机能实验系统　选择“实验项目”菜单中的“肌肉神经实验”，在子菜单中选择“神经干兴奋传导速度的测定”实验模块。

5. 神经干传导速度测量　调节刺激强度，使记录电极引导的动作电位达到最大的幅值，分别测量两对记录电极引导的动作电位的潜伏期，用 t_1、t_2 表示，t_2-t_1（Δt）即动作电位由 R_1 传导至 R_3 所需的时间，Δt 也可用两个动作电位峰峰值间的距离表示（单位：ms）。使用毫米刻度尺准确量出两对引导电极的距离，即为神经干的长度 d（mm）。根据计算公式，传导速度（v）=传导距离（d）/时间（Δt），计算出蟾蜍坐骨神经干的兴奋传导速度。

【注意事项】

1.神经干分离尽可能长，尽量将两对引导电极的距离拉远一些，距离越远，测定的传导速度就越准确。

2.确保电极与神经干接触，经常滴加任氏液保持标本湿润。

3.屏蔽盒应良好接地，尽量减小刺激伪迹，这样更加容易确定动作电位离开基线的起始点。

【实验讨论与思考】

1.实验中测定出的神经传导速度是神经干中哪类纤维的兴奋传导速度？为什么？

2.能否用从刺激电极到记录电极 R_1 的距离除以 t_1 直接计算神经传导速度？

（刘海梅）

实验五　骨骼肌的收缩特征

【实验目的与原理】

观察不同刺激强度对肌肉收缩的影响，掌握阈刺激、阈上刺激和最大刺激等概念；同时还将观察不同刺激频率对肌肉收缩的影响，了解强直收缩的产生机制。

蟾蜍坐骨神经干是由许多兴奋性不同的神经纤维所组成的。保持一定的刺激时间不变，刚好能引起其中兴奋性较高的神经纤维产生兴奋，表现为受这些神经纤维支配的肌纤维发生兴奋收缩，此时的刺激强度即为这些神经纤维的阈强度。随着刺激强度不断增加，更多的神经纤维兴奋，肌肉的收缩反应也逐步增大。当刺激强度增大到某一值时，神经中所有纤维均产生兴奋，此时肌肉做最大收缩。再继续增强刺激强度，肌肉收缩反应不再继续增大。将引起肌肉最大收缩的最小刺激强度的刺激称为最大刺激。不同频率的电脉冲刺激神经时，肌肉会产生不同的收缩反应。若刺激频率较低，每次刺激的时间间隔超过肌肉单次收缩的持续时间，则肌肉的反应表现为一连串的单收缩；若刺激频率逐渐增加，刺激间隔逐渐缩短，肌肉收缩的反应可以融合，开始表现为不完全强直收缩，以后成为完全强直收缩。

【实验对象】

蟾蜍或蛙。

【实验器材与药品】

蛙类解剖手术器材、蛙钉、任氏液、铁支架、微调固定器、张力换能器、培养皿、BL-420E 生物机能实验系统。

【实验方法与步骤】

1. 制备坐骨神经-胫、腓神经标本　方法同“实验三”。

2. 仪器连接　将肌动器固定在铁架台的微调固定器上，且与换能器平行，并把标本中预留的股骨固定在肌动器上。将张力换能器（50g 量程）用微调固定器固定在支架上，换能器与桌面平行，腓肠肌的跟腱结扎线固定在张力换能器的簧片上，结扎线与桌面垂直。调节微调固定器的上下转钮，使连线不宜太紧或太松，保持有一定的前负荷。把坐骨神经放在刺激保护电极上，保持神经与刺激电极接触良好。启动 BL-420E 生物机能实验系统，选择“实验项目”菜单中的“肌肉神经实验”，在子菜单中选择“刺激频率对肌肉收缩的影响”实验模块。

【观察项目】

1. 不同刺激强度对腓肠肌收缩的影响　选用单刺激，刺激强度从零开始逐渐增大，找出刚能引起肌肉出现微小收缩的刺激强度（阈强度）。继续增强刺激强度，观察肌肉收缩反应是否也相应增大。继续增强刺激强度，直至肌肉收缩曲线不能继续升高为止。找出刚能引起肌肉出现最大收缩的最小刺激强度，即最大刺激强度。

2. 不同刺激频率对腓肠肌收缩的影响　选用最大刺激强度刺激，单刺激模式，刺激频率分别从 1、2、4、8、16、32Hz 逐渐增加，分别记录不同频率时的肌肉收缩曲线，观察不同频率刺激时的肌肉收缩变化，从而引导出单收缩、不完全强直收缩和完全强直收缩（图 4-8）。

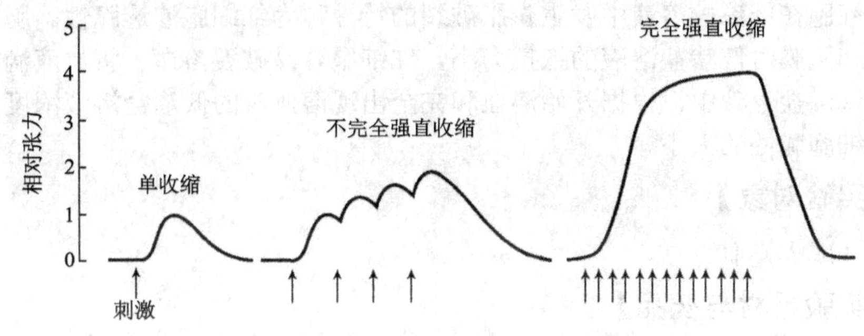

图 4-8　不同刺激频率的肌肉收缩曲线

【注意事项】

1.制备离体神经肌肉标本及实验操作过程中，要不断滴加任氏液，以防标本干燥而丧失正常生理活性。

2.操作过程中应避免强力牵拉和手捏神经或夹伤神经、肌肉。

3.每次刺激之后必须让肌肉有一定的休息时间，特别是在观察刺激频率的影响时。

【实验讨论与思考】

1.为什么在一定范围内增加刺激强度，骨骼肌收缩力增强？

2.为什么刺激频率增加时，肌肉收缩幅度也增大？

3.兴奋是如何通过神经传递至肌肉的？如果刺激直接施加在肌肉上会出现什么现象？

（刘海梅）

实验六 红细胞渗透脆性试验

【实验目的与原理】

观察红细胞对低渗 NaCl 溶液的抵抗力，了解红细胞渗透脆性这一特性。理解细胞外液晶体渗透压相对稳定对维持细胞正常形态和功能的重要意义。

红细胞在低渗盐溶液中发生膨胀破裂的特性称为红细胞渗透脆性。脆性大，表示红细胞膜对低渗盐溶液的抵抗力小，红细胞容易破裂溶血。将血液滴入不同浓度的低渗盐溶液中，根据开始溶血和完全出现溶血时的低渗盐溶液浓度，可以检查红细胞脆性的大小。

【实验对象】

兔（或人）血。

【实验器材与药品】

带长针头的注射器，3.8%柠檬酸钠，小烧瓶，小试管，0.9%、0.6%、0.42%、0.35%、0.3%NaCl 溶液，试管架。

【实验方法与步骤】

1. 采血 捉兔一只，以带长针头的注射器刺入兔心室，抽取血液 10ml，装入内盛 3.8%柠檬酸钠的烧瓶，摇匀备用。

2.准备试管 取小试管 5 支，顺序编号放于试管架上，分别加入 0.9%、0.6%、0.42%、0.35%、0.3%的 NaCl 溶液各 2ml。

3.观察结果 于上述各试管每管加入血液一小滴，轻轻摇匀，将试管在室温内静置 1h，然后观察出现的现象：小试管内的红细胞在哪种低渗液中开始破裂溶血？在哪种低渗液中完全破裂溶血？开始出现溶血的盐溶液浓度，为红细胞最小抵抗力；引起红细胞完全破裂溶血的最低盐溶液浓度，为红细胞的最大抵抗力。

【结果判断】

小试管内液体下层为混浊红色，上层为透明无色液体，说明红细胞没有溶血。小试管内液体下层为混浊红色，上层出现透明红色，为不完全溶血。小试管内液体完全变成透明红色，为完全溶血。

【实验讨论与思考】

1.使正常人的红细胞开始出现溶血和完全溶血的 NaCl 溶液浓度分别是多少？检查红细胞渗透脆性有何生理意义？

2.何谓生理盐水？临床输液时为什么不能输低渗液？

（张晓东）

实验七　红细胞沉降率（血沉）试验

【实验目的与原理】

本实验的目的是了解血沉的测定法，掌握血沉的正常值。

将加有抗凝剂的血液置于一垂直管中，红细胞经一定时间后慢慢下沉，血柱上方因红细胞下沉出现血浆层，通常以第 1h 末血浆层的高度（毫米数）作为红细胞沉降的指标，这一测定称为红细胞沉降率（血沉）试验（魏氏法）。红细胞下沉越快，表示悬浮稳定性越差。患某些疾病时血沉可以加快，所以测定血沉可以辅助诊断某些疾病。

【实验对象】

人（或家兔）。

【实验器材与药品】

小试管、消毒注射器、3.8%柠檬酸钠、酒精棉球和碘酒、魏氏血沉管和固定架、钟表等。

【实验方法与观察项目】

1. 准备试管　用 1ml 刻度吸管吸取 3.8%柠檬酸钠溶液 0.4ml 放入小试管内。

2. 采血　以消毒碘酒和酒精对被检者肘正中静脉处严格消毒后，以注射器从正中静脉抽血约 2ml（或由兔心脏抽血 2ml），立即放 1.6ml 于上述试管内，摇匀。

3. 测量　用魏氏血沉管吸取混合后的血液至零刻度处，将血沉管的下端置于固定架下部的皮垫上，再将管的上端固定于弹簧顶盖下。

4. 观察结果　放好血沉管后立即开始计算时间，待 1h 末观察血细胞下沉的毫米数（血浆层的高度），即为红细胞沉降率。

【注意事项】

1.抽取血液量要准确，血沉管取血时不能有凝血块或气泡。

2.血沉管必须垂直立于固定架上。

【实验讨论与思考】

1.被检者血沉是否正常？

2.血沉与红细胞悬浮稳定性有何关系？

3.影响血沉的因素有哪些？

（张晓东）

实验八 出血时间与凝血时间测定

【实验目的与原理】

本实验的目的在于学习出血时间和凝血时间的测定，推断血小板的功能状态及凝血因子有无缺陷。

出血时间是从针刺入皮肤导致毛细血管破损出血后，血液自行流出到自行停止所需的时间。当小血管和毛细血管受损后，激活血小板，释放出血管活性物质及 ADP，加强局部小血管的收缩和血小板聚集，使出血停止。

凝血时间是指血液从离体至完全凝固所需要的时间。血液离体后接触异物，激活一系列凝血因子，最后导致纤维蛋白原转变为纤维蛋白网罗红细胞而凝固。

出血时间有助于诊断某些血液疾病，如出血时间延长可见于血小板数量减少或血小板功能异常。凝血时间则偏重于反映血液本身的凝固过程，与血小板的数量及毛细血管的脆性关系较小。

【实验对象】

人。

【实验器材与药品】

血压计、滤纸、棉球、玻片、75%乙醇，秒表、小试管 3 支、试管架、注射器、水浴箱。

【实验方法与观察项目】

1. 出血时间测定（Ivy 法，正常值约 5min）

（1）血压计袖带束于上臂，加压维持在 5kPa。

（2）用 75%乙醇将前臂掌侧面消毒，在肘前凹窝下 2 横指处刺一深 2~3mm 伤口（避开瘢痕及浅表静脉），计时。

（3）每隔半分钟用干净滤纸吸一次渗血，至出血停止。

（4）计算出血时间，或以滤纸上血斑数除以 2 即为出血时间。

2. 凝血时间测定（试管法，参考值为 2～5min）

（1）取洁净试管三支。

（2）抽取静脉血 3ml 以上，当血液进入注射器时开动秒表。

（3）取下针头，将血液沿管壁缓慢注入三支试管中各 1ml，静置 37℃水浴箱中。

（4）于血液离体 5min 后，每隔半分钟将第一管倾斜一次，以观察管内血液是否流动，至血液不再流动时再依法观察第二管，第三管。

（5）第三管凝固时停止秒表计时，所记录时间即为血液凝固时间。

【注意事项】

1.滤纸不能接触伤口，以免影响结果的准确性。

2.用具要严格消毒。

3.倾斜度不宜过大。

【实验讨论与思考】

1.出血时间延长的患者，凝血时间是否一定会延长？

2.出血和凝血有何区别？

（张晓东）

实验九 影响血液凝固的因素

【实验目的与原理】

本实验的目的是了解血凝的基本过程及加速或延缓血液凝固的一些因素。

血液凝固是一种由许多凝血因子参加的酶促化学反应过程，其结果是使血液由流体状态转变成冻胶状态。此过程大概可分成3个主要过程：①凝血酶原激活物形成；②凝血酶原被激活为凝血酶；③纤维蛋白原变为纤维蛋白。形成的纤维蛋白丝交织成网，网络血细胞形成凝血块。血液凝固受许多因素影响，凝血因子可直接影响血凝过程。此外，凝血过程还受温度、接触面的光滑程度等影响。

【实验对象】

家兔。

【实验器材与药品】

哺乳动物手术器械一套、兔手术台、注射器、试管、小烧杯、竹签、石蜡油、碎棉纱、3.8%柠檬酸钠、冰块、生理盐水（0.9%NaCl溶液）、45℃温水、3%戊巴比妥钠。

【实验方法与观察项目】

1. 麻醉动物 用3%戊巴比妥钠按1ml/kg体重耳缘静脉注射将家兔麻醉，固定于兔手术台上。

2. 股动脉插管 分离兔一侧股动脉并行动脉插管，以备取血用。

3. 准备试管 取小试管8支，按顺序标号，并准备好实验用品。

试管1：内放少许纱布块。

试管2：试管内表面涂石蜡油。

试管3：不加任何处理（对照）。

试管4：加入3.8%柠檬酸钠0.5ml。

试管5：置于有冰块的小烧杯中预先冷却。

试管6：置于盛有45℃热水的小烧杯中。

试管7：加入肝素8单位。

试管8：（备竹签1支，做搅拌用）。

4. 取血 放开兔动脉插管血管夹，分别给8支试管各装入2ml兔血，观察并记录凝血时间。试管8加入血液后，不断用竹签搅动，直至纤维蛋白形成。

【注意事项】

1.动脉血流出必须通畅，否则插另一侧股动脉再采血。

2.兔血加入试管后立即开始记时，每隔 15s 将试管倾斜一次，观察血液是否凝固，至血液成为冻胶状不再流动为止，记下各管凝固所需时间。

【实验讨论与思考】

1.在本实验观察影响血凝的因素中，哪些可加速血液凝固？哪些可使血液凝固延缓？为什么？

2.试述血液凝固的基本过程。

（张晓东）

实验十　ABO 血型鉴定

【实验目的与原理】

本实验的目的是通过学习血型鉴定的方法，掌握 ABO 血型的分型依据。

人类的 ABO 血型系统将血型分为 A、B、O、AB 四种类型。分型是根据人红细胞膜上所含凝集原种类而定的。当凝集原（抗原）与相应的凝集素（抗体）相遇时，就会发生凝集反应。本实验是将受检者的红细胞分别加入抗 A 血清和抗 B 血清，根据是否发生凝集反应判断血型。

【实验对象】

人。

【实验器材与药品】

彩色蜡笔、采血针、玻片、干棉球、玻棒、消毒酒精棉球，抗 A 血清、抗 B 血清、生理盐水等。

【实验方法与观察项目】

1. 采血前的准备　取玻片一块，用蜡笔将其划分为两段。分别加一滴抗 A 血清和抗 B 血清。两段玻片中间各滴一滴生理盐水。

2. 采血　用酒精棉球消毒指端，然后用采血针刺入指端皮肤约 2mm，轻挤出小血滴，分别在玻片两端的生理盐水各滴入一滴血，使之成为红细胞悬液。干棉球压迫损伤处止血。

3. 判断血型　用玻棒两端分别将抗 A 血清及抗 B 血清与红细胞悬液混匀，轻轻摇动玻片，3～5min 后观察有无凝集反应出现，根据反应有无判断被检者血型（图 4-9）。

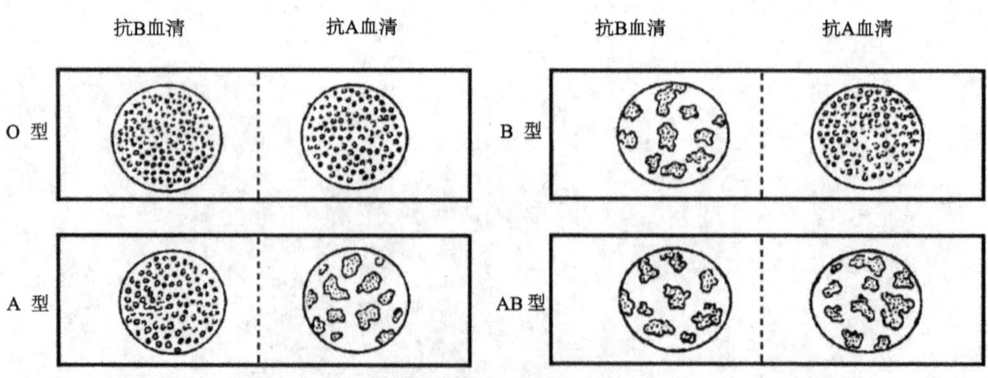

图 4-9　ABO 血型检查结果判断

【注意事项】

1.玻棒分两端用，切勿将两端的抗 A 和抗 B 血清混合。

2.采血不宜太多。

3.肉眼观察不易判断时，可于显微镜下观察。

【实验讨论与思考】

1.ABO 血型系统的分类依据是什么？A 型血可以输给什么血型的人？为什么？

2.凝集反应与血液凝固有何不同？

3.如果没有标准血清，只有 A 型血液，如何鉴定某人的血型？

（张晓东）

实验十一 人体心电图的描记与分析

【实验目的与原理】

学习心电图的描记方法并辨认正常心电图各波形，了解其代表的生理意义。

心肌自律细胞兴奋时能够产生动作电位，窦房结节律最高，控制整个心脏活动，称为窦性心律。窦房结兴奋发出后，依次传至心房和心室，引起整个心脏的兴奋和收缩。在一个心动周期中，心脏各部分产生的生物电按一定的时间、方向和途径传播，并通过导电性良好的心脏周围组织传导到体表。因此可在体表安放引导电极，用仪器把心脏产生的这些生物电记录下来，所记录的曲线称为心电图。

【实验对象】

人。

【实验器材与药品】

电极、导联线、分规、酒精棉球、盐水棉球、心电图机。

【实验方法与步骤】

1. 心电图描记

（1）描记前准备：连接好心电图机地线、电源线，打开电源，让心电图机预热 3～5min。然后校正标准电压，按下校正键，使描笔振幅恰好为 10mm，并调好走纸速度为 25mm/s。

（2）安放电极和导联线：让受试者除去身上金属物品，静卧于检查床上，稳定情绪，放松肌肉。用酒精棉球擦拭受试者两手腕屈侧和两踝上方的内侧皮肤，再用盐水棉球擦拭一遍，以降低体表电阻增加导电性。

在上述擦拭部位上安放电极板并用缚带将电极板固定好，导联线与心电图机相接，用黄色、红色、绿色和黑色导联线分别与左腕、右腕、左腿和右腿相应电极板相连。

用白色导联线连接胸前导联各个电极板，在安放电极板之前，先用酒精棉球、盐水棉球擦拭局部皮肤。胸前导联电极板放置位置是：V1 在胸骨右缘第 4 肋间；V2 在胸骨左缘第 4 肋间；V4 在左锁骨中线第 5 肋间；V3 在 V2 与 V4 连线的中点；V5 在左腋前线第 5 肋间；V6 在右腋中线第 5 肋间。

（3）记录心电图：开启心电图机，通过切换导联选择开关分别选择标准肢体导联Ⅰ、Ⅱ、Ⅲ，加压单极肢体导联 aVR、aVL、aVF，胸导联等。

2. 心电图分析

取下心电图纸，辨认 P 波、QRS 波群、T 波、P-R 间期、S-T 段和 Q-T 间期。

（1）心率测定

心律齐者：用分规测量相邻两个心动周期R波之间的距离，算出R-R间隔时间（单位:s）；再用该时间去除60，所得商即为心率，即心率=60/R-R间期（s），单位为次/min。

心律不齐者：若最大R-R间距与最小的R-R间距之差大于3个最小格，即大于0.12s时，视为心律不齐，应测量5个R-R间期，求其均值，再代入上述计算公式计算出心率。

（2）心律的分析：包括主导节律的判定，心律是否规则、整齐，有无期前收缩或异位节律。分析时，首先要辨认出P波、QRS-T波群，根据P波决定基本心律。窦性心律的心电图表现是：P波在Ⅱ导联中直立，aVR导联倒置，P-R间期在0.12s以上。如果心电图中最大的P-P间隔时间和最小的P-P间隔时间相差在0.12s以上，称为窦性心律不齐。成年人正常窦性心律的心率为60～100次/min。

（3）时间测量：心电图纸一般的走纸速度为25mm/s，最小一个横格（1mm）代表0.04s。

P波：从P波的起点到终点，正常成人时间一般不超过0.11s，代表心房肌除极的电位变化。

P-R间期：从P波起始部到（QRS）波群的起始部之间时间为P-R间期，正常成人为0.12~0.20s，表示心房开始除极到心室开始除极之间的时间。

QRS波群：QRS波群为心室除极波，由Q、R、S三个波构成。向上波为R波，其前向下波为Q波，其后向下波为S波。QRS间期表示心室除极所需的时间，正常成人为0.06~0.10s。

Q-T间期：指QRS波群的起点至T波终点的间距，代表心室肌除极和复极全过程所需的时间。Q-T间期长短与心率的快慢密切相关，心率越快，Q-T间期越短，反之则越长。心率在60 ~100次 / 分时，Q-T间期的正常范围应为0.32~0.44s。

（4）电压测量：从基线到波顶点的间距，表示该波电压。一般上下方向最小一个小格（1 mm）表示0.1mV。

P波：该波是心房除极波，其幅度值应小于0.25mV，高而尖P波常提示右房肥大。

Q波：在主波向上导联，Q波幅值应小于1/4R波。异常Q波常提示心肌梗死等。

R波：V1的R波大于S波，常提示右室肥大；一般R波明显，即主波向上的导联，其P波、T波直立；正常人的胸导联R波自V1~V6逐渐增高，S波逐渐变小。

T波：是心室复极波，一般与QRS波群的主波方向一致；在V5、V6导联中，T波幅度值必须大于1/10R波，若小于1/10R波或低平或倒置，常提示心肌劳损。

ST段：自QRS波群的终点至T波起点间的线段，代表心室缓慢复极过程。正常的ST段多为一等电位线，有时亦可有轻微的偏移，但在任一导联，ST段下移一般不应超过 0.05mV；ST 段上移在 V1~V2 导联一般不超过 0.3mV，V3 不超过 0.5mV，V4~V6 导联与肢体导联不超过 0.1mV。

【注意事项】

1.受试者必须安卧，肌肉放松，避免肌电干扰。

2.电极和皮肤应紧密接触，防止干扰和基线漂移。

3.描记心电前，必须“定标”，一般 1 mV 标准电位时描笔上下移动 10 mm 距离，即 1 mm 表示 0.1 mV 电压。

4.正常心电图者，每个导联一般只描记 3~4 次心动的心电图即可。

5.每次换导联时，必须停笔，使记录处于停止状态。

【实验讨论与思考】

1.为何描记心电图前先要定标?

2.正常人体心电图可分为哪几个波段?各代表什么生理意义?

（林锐珊　周乐全）

实验十二　心音听诊

【实验目的与原理】

学习心音听诊的方法，了解第一心音（S_1）及第二心音（S_2）特点及其产生原理，初步掌握听诊器的结构及使用。心动周期中，由于心脏收缩、舒张，瓣膜启、闭，血流冲击心室壁和大动脉壁等引起振动，产生声音，称为心音，将听诊器置于受试者心前区的胸壁，可以听到 S_1 及 S_2，在某些健康的儿童及青少年也可听到第三心音（S_3），一般听不到第四心音（S_4），如能听到可能为病理性。

【实验对象】

人。

【实验器材】

听诊器。

【实验方法与步骤】

1. 确定听诊部位　受检者取仰卧位或坐位，解开上衣。按图 4-10 确定听诊部位。①二尖瓣听诊区（M）：左锁骨中线第 5 肋间稍内侧；②肺动脉瓣区（P）：胸骨左侧第 2 肋间；③主动脉瓣区（A）：胸骨右缘第二肋间；④主动脉瓣第二听诊区（E）：胸骨左缘第三肋间；⑤三尖瓣区（T）：胸骨右缘第 4 肋间或剑突下。

2. 听诊内容　检查者配戴好听诊器，用右手拇指、食指及中指轻持听诊器，紧贴受试者胸壁皮肤，按逆时针方向依次听诊，即从二尖瓣听诊区-肺动脉瓣区-主动脉瓣区-主动脉第二听诊区-三尖瓣区，仔细辨别 S_1、S_2。

S_1 特点：音调较低，持续时间长，在心尖部听诊最清楚，S_1 与心尖波动同步。S_2 特点：音调较高，持续时间较短，在心底部听诊最清楚。

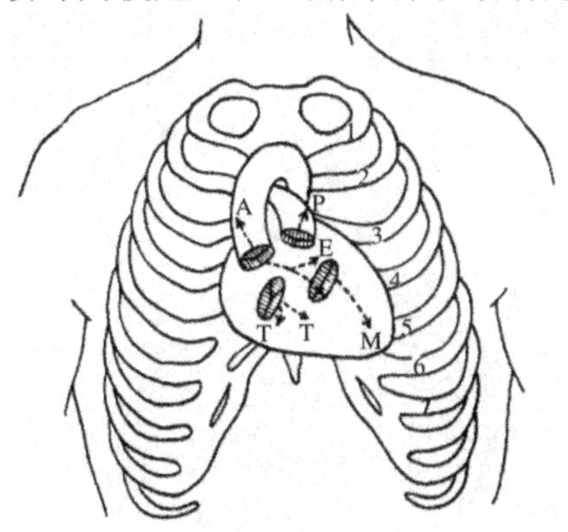

图 4-10　心音听诊部位

A，主动脉瓣区；P，肺动脉瓣区；T，三尖瓣区；E，主动脉瓣第二听诊区

【注意事项】

1.保持室内安静。

2.听诊时听诊器的耳件方向应与外耳道方向一致，避免橡皮管与他物摩擦，以免产生摩擦音影响听诊。

3.为了更好的辨别心音，可让受试者改变体位、暂停呼吸或屏住呼吸。

【实验讨论与思考】

1.第一心音及第二心音产生的机制。

2.了解心音听诊的临床意义。

（刘海梅　苏　文）

实验十三　蛙心兴奋传导顺序分析

【实验目的与原理】

利用结扎阻断传导通路的方法，确定蛙心起搏点及兴奋传导的顺序。心脏的特殊传导系统具有自动节律性，但各部分的自律性高低不同。静脉窦（哺乳类动物为窦房结）自律性最高，心房次之，心室的自律性最低。正常心跳每次均由静脉窦发出，按顺序传到心房、心室。所以静脉窦称为蛙心起搏点。当静脉窦和心房或心房和心室之间的兴奋传导受阻时，心房或心室本身的自律性便表现出来。

【实验对象】

蛙或蟾蜍。

【实验器材与药品】

蛙类手术器械，蛙板、刺蛙针、任氏液、棉线、大头针等。

【实验方法与步骤】

1. 暴露蛙心　用刺蛙针破坏蛙的脑和脊髓，将蛙背位固定于蛙板上，剪开胸部皮肤及胸骨，剪开心包膜，显露心脏。

2. 辨别蛙心的解剖结构　辨别蛙心静脉窦、心房、心室三部分及窦房沟、房室沟的结构和位置（图 4-11）。

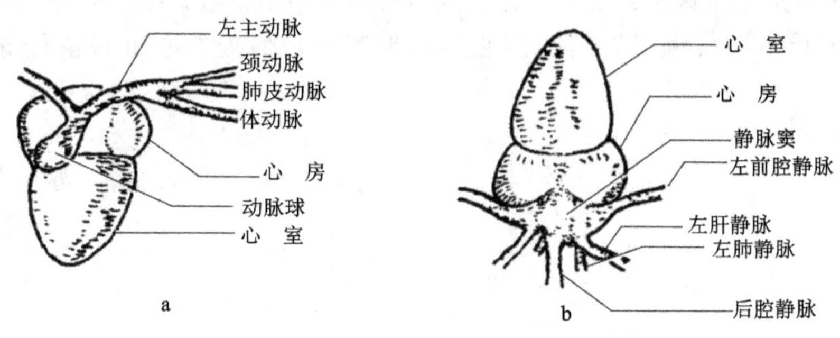

图 4-11　蛙心解剖图

a，正面；b，背面

【观察项目】

1. 观察　蛙心静脉窦、心房、心室三部分跳动的顺序及计算其跳动频率。

2. 结扎房室沟　于房室沟处穿引一细线后做一结扎，阻断心房和心室之间的传导，观察静脉窦、心房、心室各自的跳动频率有何变化？

3. 结扎窦房沟 用细镊子在主动脉干下方穿引一细线，再用玻璃针将心尖翻向头端，暴露心脏背面，于静脉窦与心房之间的半月形纤维环（窦房沟）处做一结扎，以阻断静脉窦与心房之间的传导。待心房和心室恢复跳动后，观察计算静脉窦、心房和心室各自的跳动频率。

4. 记录 将上述各项观察结果填入表 4-1。

表 4-1 蛙心结扎房室沟和窦房沟后静脉窦、心房及心室的跳动频率

条件	各部分频率（次/分）		
	静脉窦	心房	心室
结扎前			
结扎房室沟			
结扎窦房沟			

【注意事项】

1.做结扎时，结扎部位必须准确，勿将静脉窦或心房结扎住。

2.若结扎房室沟后，心房、心室停搏过长时间，可用玻璃针做人工刺激，使其恢复自主跳动后再计数。

【实验讨论与思考】

两次结扎后静脉窦、心房、心室为何跳动频率不一致？哪一部分的跳动频率更接近于正常心跳频率？这说明正常心搏起点在何处？心脏兴奋传导的顺序如何？

（刘海梅　苏　文）

实验十四　期前收缩和代偿间歇

【实验目的与原理】

学习在体蛙心跳曲线的记录方法，并通过对期前收缩和代偿间歇的观察，了解心肌兴奋性变化特点及其生理意义。

一个心动周期中，心肌的兴奋性会发生周期性的变化，分别经历有效不应期、相对不应期和超常期。心肌兴奋后其兴奋性的变化特点是有效不应期特别长，约相当于整个收缩期和舒张早期。在此期中，任何刺激均不能使之产生动作电位并引起心肌的再次兴奋收缩。随后为相对不应期和超常期，在此两期内给予心肌以较强刺激可使其产生动作电位并产生收缩。后两期相当于舒张中、晚期。因此，如果在心室肌舒张期中、晚期内，给予心室肌一次阈上刺激，便可在正常节律性兴奋到达心室之前，引起一次兴奋和收缩，这次提前发生的兴奋收缩，称为期前收缩。而随后到达的正常的节律性兴奋，常恰好落在期前收缩的有效不应期内，因而不能引发心室的兴奋和收缩，此时心室较长时间地停留在舒张状态，直至下一次正常的节律性兴奋到达时才恢复原来的正常节律性收缩，这个在期前收缩后出现的持续时间较长的舒张间歇期，称为代偿间歇。

【实验对象】

蛙或蟾蜍。

【实验器材与药品】

BL-420E 生物机能实验系统、张力换能器、刺激电极、蛙手术器械一套、蛙心夹、线、铁支架、双凹活动夹、滴管、任氏液。

【实验方法与步骤】

1. 准备动武　用刺蛙针破坏蛙的脑和脊髓，暴露心脏。

2. 连接仪器　将换能器插头插入“1 通道”，刺激输出电缆插头插入刺激输出插孔。

3. 启动系统　启动 BL-420E 生物机能实验系统，在“实验项目”菜单中选择“循环实验”，在下拉菜单中选择“期前收缩-代偿间歇”实验。于心舒期用蛙心夹夹住心尖约 1mm，将蛙心夹上的连线系于张力换能器的着力点上，使拉直的线与着力点所在的平面垂直。张力的大小，以描记出适宜的心跳曲线为宜，并注意使心脏收缩时曲线为上升支，舒张时为下降支。连接刺激电极，使两电极与心脏充分接触，再与刺激输出电缆相接（图 4-12）。待描记出一段心跳曲线后，开始实验。

4. 调节仪器参数　适当调节增益，描记出合适曲线。在设置刺激器对话框中设置刺激强度为3V，左侧滚动条中的黄色三角形用于标记刺激的变动范围，必须在心肌正常收缩曲线的范围之内。1通道右上方的红色三角形用于调节刺激部位，朝上则刺激落在曲线的上升支上（收缩期），向下则刺激落在曲线的下降支上（舒张期），右上方的红色方块用于启动刺激。根据实验项目需要设置好刺激的条件，单击红色方块，变为蓝色，当找到满足条件的刺激点时，即自动输出一次刺激并变为红色。

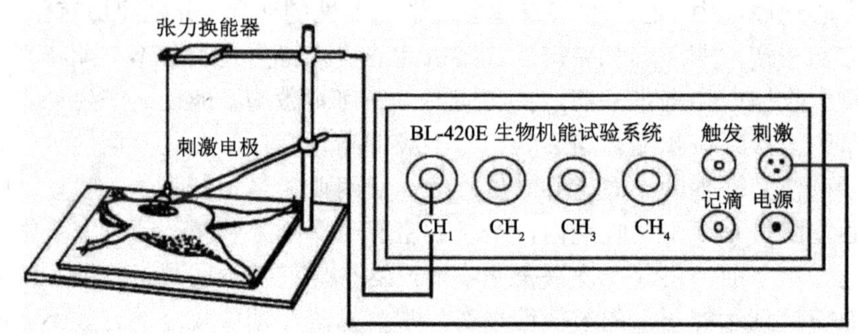

图 4-12　在体蛙心期前收缩实验连接装置

【观察项目】

1.记录正常心跳曲线，观察心室收缩和舒张曲线。

2.分别在心收缩期和舒张早期给予刺激，观察曲线是否有变化。

3.分别在心舒张中、晚期给予刺激，观察曲线是否有变化。

【注意事项】

1.破坏蛙的脑和脊髓要完全，以免肢体的活动干扰曲线的记录。

2.实验过程中，应经常用任氏液湿润心脏。

3.安放在心室上的刺激电极应避免短路。

4.不要连续刺激心脏。

5.检查是否有刺激输出，可用刺激电极刺激蛙腹壁肌肉或大腿肌肉，观察是否有收缩。

【实验讨论与思考】

1.讨论期前收缩和代偿间歇产生的原因。

2.心肌的有效不应期长有何生理意义？

3.当心率过速或过缓时，期前收缩后是否会出现代偿间歇？为什么？

（刘海梅　苏　文）

实验十五　兔减压神经放电

【实验目的与原理】

用电生理方法引导减压神经放电，观察动脉血压变化与神经冲动的关系，以加深理解减压反射的生理意义。

减压反射是维持血压相对稳定最重要的反射。当动脉血压升高或降低时，压力感受器的传入冲动也随之增加或减少，反射则相应增强或减弱，从而调节血压相对稳定。家兔主动脉弓压力感受器的传入神经在颈部单独成一束，称为主动脉神经或减压神经。

【实验器材与药品】

BL-420E 生物机能实验系统，兔手术台、哺乳动物手术器械、动脉夹、血压换能器、铁支架、双凹夹、保护电极、注射器、烧杯、生理盐水、肝素、肾上腺素、3%戊巴比妥钠溶液。

【实验对象】

家兔。

【实验方法与步骤】

1. 动物麻醉及固定　用 3%的戊巴比妥钠按 1ml/kg 的剂量从耳缘静脉缓慢注入。待麻醉后，仰卧位固定在兔手术台上。

2. 动物手术　颈部剪毛后，切开皮肤 5~7cm，仔细分离一侧减压神经和颈总动脉，并行颈总动脉插管，血压换能器连接 2 通道。之后分离另一侧颈动脉，并穿线备用 （图 4-13） 。

3. 放置电极　用备用线提起减压神经并搭在保护电极上。记录电极应悬空，不能触及周围组织，电极的另一端连接 1 通道。

4. 启动系统　开机启动 BL-420E 生物机能实验系统，选择程序“实验项目”菜单中的“循环实验”子菜单，在“循环实验”子菜单中选择“兔减压神经放电”实验模块。适当调节实验参数以获取最佳放电波形。

5. 参数设置　1 通道：观察减压神经放电。滤波 3.3Hz，增益值 5000，扫描速度 50ms/div，时间常数是 0.001s。2 通道：观察动脉血压。滤波 10Hz，增益值 50，扫描速度 1.0s/div，时间常数为 DC。

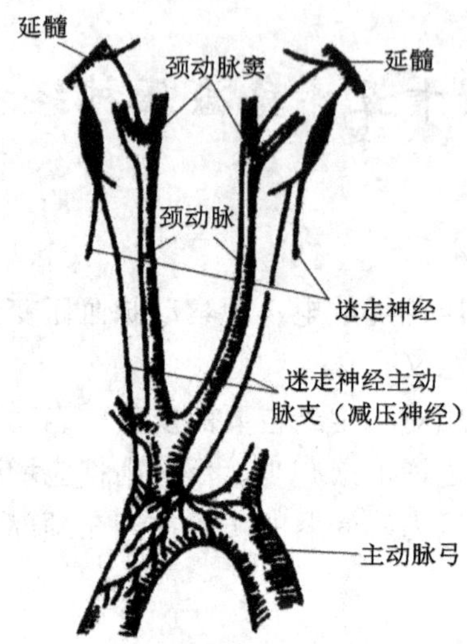

图 4-13 兔减压神经解剖示意图

【观察项目】

1. 正常减压神经放电 示波器上可显示伴随心律而呈现群集性放电，电压100~200μV；从监听器可听到如火车开动样“轰轰”声。

2. 压迫颈动脉窦 用手指在下颌角处沿颈总动脉走向向头侧深部压迫，观察对血压和神经冲动有何影响。

3. 夹闭颈动脉 夹闭未插管一侧的颈动脉，约 15s，观察对血压和神经冲动有何影响。

4. 注射肾上腺素 从耳缘静脉注射 0.01%肾上腺素 0.2ml，观察对血压和神经冲动的影响。

【注意事项】

1.手术或实验中应保护减压神经，勿牵拉过重，并注意保湿，可滴上液状石蜡。

2.仪器和动物要良好接地。

【实验讨论与思考】

1.正常减压神经放电有何特征？

2.总结各项实验结果，并分析其机制。

（刘海梅 苏 文）

实验十六 动脉血压的神经和体液调节

【实验目的与原理】

用直接测量动脉血压的急性动物实验方法，观察某些神经和体液因素对动脉血压的调节作用。

心脏和血管的活动受神经、体液和自身机制的调节而维持动脉血压的稳定。调节心脏活动的传出神经是心交感神经和心迷走神经，支配血管的神经绝大多数属交感缩血管神经。心血管活动最重要的反射性调节是压力感受器反射（又称减压反射）。心血管活动还受体液因素调节，肾上腺素和去甲肾上腺素是参与调节的两种重要的体液因素。

通过神经和体液因素，调节心肌收缩力、心跳频率、心输出量和外周阻力，从而影响动脉血压。所以动脉血压的变化可反映出心血管活动的变化。

【实验对象】

家兔。

【实验器材与药品】

BL-420E 生物机能实验系统、保护电极、注射器，兔手术台、哺乳动物手术器械、动脉夹、动脉套管、血压换能器、铁支架、双凹夹、生理盐水、肝素、肾上腺素、去甲肾上腺素、3%戊巴比妥钠溶液。

【实验方法与步骤】

1. 手术准备

（1）麻醉并固定动物：用 3%戊巴比妥钠溶液按 1ml/kg 从耳缘静脉缓缓注入将动物麻醉，然后仰卧固定于手术台上。

（2）气管插管：剪去颈部毛，于颈部正中纵向切开皮肤 5~7cm，暴露并分离出气管，行气管插管术。

（3）分离颈部神经和颈总动脉：将气管两旁的肌肉拉开，于其深部找出并分离双侧颈总动脉，左侧迷走神经和减压神经，各穿一不同颜色细线备用。注意分离神经和血管时需特别小心，勿剪破血管和拉断神经（具体方法见“第三章 动物实验的基本操作技术”）。

2. 仪器装置及调试

（1）将充满肝素生理盐水的压力换能器插头插入 BL-420E 生物机能实验系统 1 通道。

（2）开机进入 Windows 操作系统，并启动 BL-420E 生物机能实验系统。

（3）在“实验项目”菜单中选“循环实验”的“动脉血压调节”模块。

（4）适当调节增益和扫描速度及刺激参数等。

3. 插颈总动脉插管　结扎右颈总动脉远心端，近心端夹一动脉夹以阻断血流，动脉夹与结扎处至少相距 3cm。在结扎处的近端用眼科剪将动脉壁剪一斜口，向心脏方向插入连接血压换能器的动脉插管并结扎固定，以防滑脱流血。

4. 记录动脉血压　检查实验装置完备后，先打开动脉插管与血压换能器间三通管上的开关，继之徐徐开放动脉夹，可见血液由动脉内流入动脉插管，即可在电脑荧屏上显示出动脉血压曲线（图 4-14），并可通过打印机打印实验结果。

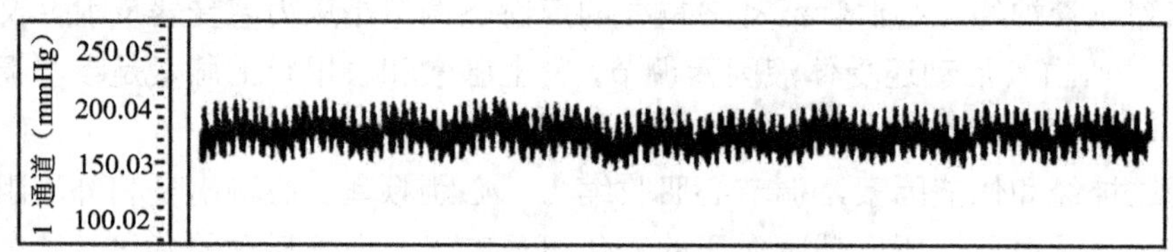

图 4-14　动脉血压波形图

【观察项目】

1. 观察正常血压曲线　动脉血压随心室的收缩和舒张而变化，心室收缩时血压上升，心室舒张时血压下降，血压随心动周期而变化的波动称为“一级波”（心搏波）；动脉血压亦随呼吸而变化，吸气时血压先下降，后上升，呼气时血压先上升，后下降。这种波动称“二级波”（呼吸波），其频率与呼吸频率一致；有时可见一种低频率的缓慢活动，称为“三级波”，可能与心血管中枢的紧张性周期有关。

2. 牵拉颈总动脉　手持右侧颈总动脉残端结扎线，向心脏方向轻轻有节奏的往复牵拉 2～5 次/s，持续 5～10s，观察血压变化。

3. 夹闭颈总动脉　用动脉夹夹闭左侧颈总动脉 5～10s，观察血压变化。

4. 刺激减压神经　用中等强度电刺激减压神经，观察对血压的影响。

5. 刺激迷走神经　结扎并剪断左侧迷走神经中枢端，刺激其外周端，观察血压变化。

6. 静脉注射去甲肾上腺素　由耳缘静脉注射 0.01%去甲肾上腺素 0.2ml，观察血压变化。

7. 静脉注射肾上腺素　由耳缘静脉注射 0.01%肾上腺素 0.2ml，观察血压变化。

【注意事项】

1.分离减压神经与迷走神经时操作要轻巧，切勿用力牵扯神经。

2.每项实验后，应等血压基本恢复并稳定后再进行下一项。

【实验讨论与思考】

1.支配心脏、血管的神经有哪些？主要参与血压调节的是什么反射？此反射如何调节动脉血压？

2.肾上腺素与去甲肾上腺素对心血管系统的作用有何不同？为什么？

（刘海梅 苏 文）

实验十七　蛙 心 灌 流

【实验目的与原理】

本实验利用离体心脏灌流方法，以任氏液人工灌流心脏，描记心脏活动曲线，观察 Na^{+}、K^{+}、Ca^{2+}以及肾上腺素、乙酰胆碱、乳酸、$NaHCO_3$ 等因素对离体心脏功能活动的影响。说明心脏活动有赖于内环境的相对稳定。

离体心脏在无神经支配情况下，如能保持适宜环境，仍能维持一定时间节律性跳动。自律性及收缩性的维持必须有一个适宜的理化环境，如氧和营养物质的供应，适宜的无机盐离子浓度、酸碱度、渗透压、温度等。在整体内，心脏活动还受神经和体液的调节。

【实验器材与药品】

BL-420E 生物机能实验系统、蛙板、蛙手术器械、蛙心灌流套管、万能支架、蛙心夹、乳头吸管、棉球和线、小烧杯。任氏液、0.65%NaCl 溶液、2%$CaCl_2$ 溶液、1%KCl 溶液、0.01%肾上腺素、0.01%乙酰胆碱、1%乳酸、2.5%$NaHCO_3$ 溶液。

【实验对象】

蟾蜍或蛙。

【实验方法与步骤】

1. 破坏蟾蜍的脑和脊髓　暴露心脏，小心剪去大血管周围的系膜和心包膜。

2. 仔细识别　心房、心室、动脉圆锥、主动脉、静脉窦、前后腔静脉等（见实验十三，图 4-11）　。

3. 结扎右主动脉　在主动干下穿一根线，将心脏翻至背面，结扎前后腔静脉和左右肺静脉（注意勿扎住静脉窦）。将心脏回复至原位，在左主动脉下穿两根线，用一线结扎左主动脉远心端，另一线打虚结，在左主动脉上靠近动脉圆锥处剪一斜口，将盛有少量任氏液的蛙心插管插入主动脉，插至动脉园锥时略向后退，在心室收缩时，向心室后壁方向下插，经主动脉瓣插入心室腔内，将线结扎并固定于插管侧面的小突起上。

4. 提起插管　在结扎线远端分别剪断左主动脉和右主动脉，左右肺静脉和前后腔静脉，将心脏离体。用吸管吸净插管内余血，加入新鲜任氏液，反复数次，直至液体完全澄清，保持灌流液面高度 1～2cm。

5. 将插管固定支架上　用蛙心夹在心脏收缩时夹住蛙心尖，并连接张力换能器和 BL-420 生物机能实验系统 1 通道连接（图 4-15），启动计算机，进入 BL-420 生物机能实验系统，在“实验项目”的子菜单中选择“循环实验”中“蛙心灌流”，开始实验。根据信号窗口中显示的波形，适当调节增益和扫描速度以获得最佳的效果。

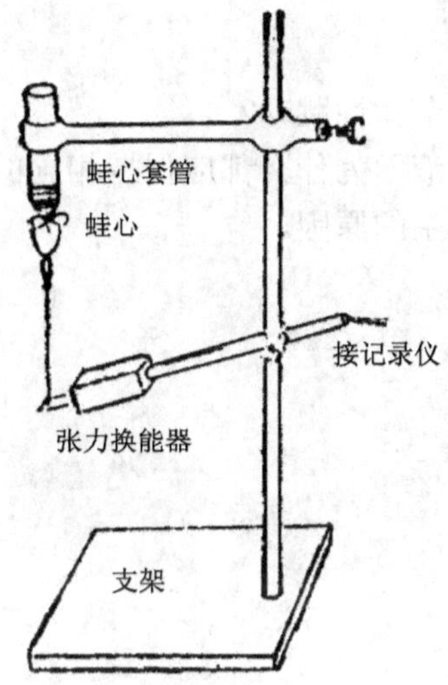

图 4-15　描记离体蛙心收缩曲装置

【观察项目】

1. 描记正常蛙心收缩曲线　观察幅度、频率和基线等。

2. 观察各种离子及化学物质对心脏活动的影响

（1）吸出插管全部灌流液，换入 0.65%NaCl 溶液，观察心缩曲线变化，待效应明显后，吸出灌流液，用新鲜任氏液换洗 3 次，直至心缩曲线恢复正常。

（2）加入 1～2 滴 2%$CaCl_2$ 溶液于灌流液中，观察心缩曲线的变化，出现效应后，用新任氏液换洗至曲线恢复至正常。

（3）加入 1～2 滴 1%KCl 溶液于灌流液中，待效应出现后，用任氏液换洗至曲线正常。

（4）加入 1～2 滴 0.01%肾上腺素于灌流液中，待效应出现后，用任氏液换洗至曲线正常。

（5）加入 1 滴 0.01%乙酰胆碱于灌流液中，待效应出现后，用任氏液换洗至曲线正常。

（6）加入 2.5%$NaHCO_3$ 溶液 1～2 滴于灌流液中，观察曲线变化，待效应明显后，换液、冲洗，直至曲线恢复正常。

（7）加入 3%乳酸溶液 1～2 滴于灌流液中，观察曲线变化，待效应明显，再加 1～2 滴 2.5%$NaHCO_3$ 溶液，观察曲线变化。

【注意事项】

1.每次换液时，必须用任氏液冲洗 3 次，并使液面均应保持相同的高度。

2.随时滴加任氏液于心脏表面使之保持湿润。

3.固定换能器时，头端应稍向下倾斜，以免自心脏滴下的液体流入换能器内。

【实验讨论与思考】

1.离体蛙心为什么会有节律性跳动?

2.实验过程中灌流管的液面为什么都应保持相同的高度?

3.分析各项实验结果产生的原因。

（徐进文）

实验十八　人体动脉血压的测量

【实验目的与原理】

学习使用袖带法测定动脉血压的原理和方法，并观察体位对血压的影响。

动脉血压是动脉血液对血管壁的侧压力，是血流动力学重要指标之一，测量动脉血压具有重要临床意义。人体动脉血压的测量是用充气的橡皮袖带，由体外加压到足以使其下面深部动脉压闭的程度，然后放气，逐步降低袖带内压。当袖带内压等于或略低于动脉最高压力时，血流以湍流形式通过压闭区进入远端血管，用听诊器于心缩期可在远侧血管壁听到震颤音，并可触及脉搏，此时袖带内压即为收缩压。继续缓慢放气，袖带内压逐渐下降，当其内压等于或略低于舒张压时，血管处于完全张开状态，失去造成湍流的因素而无声响，此时袖带内压为舒张压。收缩压与舒张压均可由血压计的检压部分测出，以毫米汞柱（mmHg）为单位表示。

【实验对象】

人。

【实验器材】

人用诊察床、枕头、血压计。

【实验步骤与观察项目】

1. 熟悉血压计的结构　血压计有不同种类，常用的有水银式、表式和数字式。水银式血压计包括袖带、橡皮球和测压计三部分。本实验采用水银式血压计，使用时先驱净袖带内的空气，打开水银柱根部的开关。

2. 测量动脉血压

（1）测压前，让受试者静坐 10~15min，排除活动、精神因素对血压的可能影响。

（2）让受试者脱去外衣，只穿宽松单内衣。受试者裸出右臂，前臂平伸，置于检查桌上，其上臂中段与心脏必须处在同一水平。

（3）测试者将血压计袖带卷缠在受试者距肘窝上方 2～3cm 处，不能缠得太紧，但也不能缠得过松，以能够在袖带下放入两个手指为度（图 4-16）。

（4）用指触摸肘窝肱动脉，在搏动最明显处放置听诊器胸件，并用左手轻压听诊器胸件。

（5）右手握住橡皮球，并用右拇指和食指，顺时针方向扭动橡皮球的螺旋，以关闭“活门”；然后连续多次挤橡皮球，可见检压计的水银柱不断上升，当其液面停止上下波动时，再加压使其再上升 40mmHg，然后，逆时针方向扭动橡皮球螺旋，轻轻打开活门放气，检压计水银柱逐渐下降。当听诊器听到微弱、清晰的短促声时，此时水银柱液面高度代表收缩压。

（6）继续由活门放气，压力缓慢下降，听诊的声音由弱到强，然后又由强变弱时的血压为舒张压。

3. 观察体位对动脉血压影响 让受试者平卧在诊察床上，参照上述方法测量动脉血压。比较卧位法与坐位法测得血压的差异。

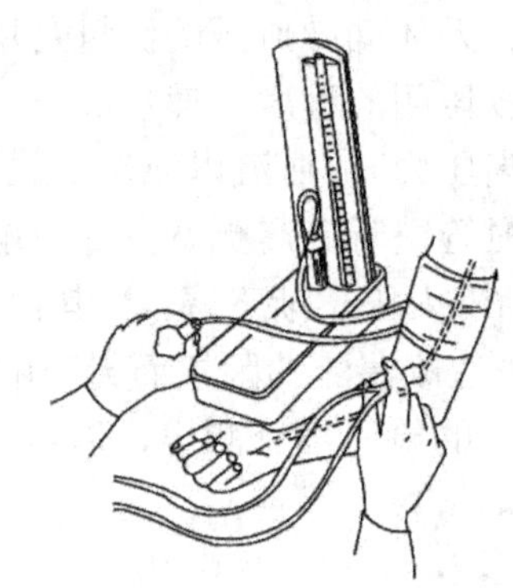

图 4-16 人体动脉血压测量方法

【注意事项】

1.本实验以坐位法为主，部分同学可同时做卧位法的血压测量，并比较、观察体位对血压的影响。

2.为了减少测量引起的误差，每位受试者必须被测试者检测两次以上。

3.橡皮球加压的时间不能太长，尤其水银柱高度在收缩压以上时应尽快放气降压，以免受试者前臂长时间缺血或无血，引起组织缺氧受损或麻木等异常感觉。

4.不论采用什么方法测量血压，测量部位与心脏必须在同一水平。

5.如果血压超过正常范围，让受试者休息 10min 后再测量。

【实验讨论与思考】

1.左右臂肱动脉血压以及坐卧位血压是否完全一致?为什么?

2.测量血压时，为什么听诊器的胸件不能放在压脉带下?

3.测量血压时，将检压计水银柱充气到多少 mmHg 为宜，为什么?

4.为什么不能在短时间内反复多次测量血压?

（刘海梅）

实验十九 兔膈肌放电

【实验目的与原理】

本实验的目的是用电生理方法观察和记录家兔在体膈肌的放电，以加深呼吸肌节律来源的认识。

脑干呼吸中枢的节律性活动通过膈神经和肋间神经下传到膈肌和肋间肌，从而产生节律性呼吸运动。所以膈神经和膈肌的放电频率均能反映吸气中枢的兴奋状态。

【实验对象】

家兔。

【实验器材与药品】

BL-420E 生物机能实验系统、哺乳类动物手术器械一套、不锈钢针插入式引导电极、电极固定架、注射器、玻璃分针、3%戊巴比妥钠溶液。

【实验方法与步骤】

1. 麻醉与固定动物 用 3%戊巴比妥钠溶液按 1ml/kg 体重从耳缘静脉缓缓注入将动物麻醉，然后仰卧固定于手术台上。

2. 手术

（1）颈部手术：颈部备皮，作颈部正中切口，切开皮肤并依次分离颈部各层组织，分离气管，行气管切开插管术。

（2）分离神经：分离两侧迷走神经，穿线备用。

（3）暴露膈肌：剪去胸腹交界处的兔毛，在剑突上方，沿正中线纵行切开皮肤 2～3cm，钝性分离皮下组织及腹肌，暴露剑突。将剑突上翻并缝合于皮肤上，以暴露剑突背侧的膈肌。

3. 引导膈肌放电 将两根不锈钢针引导电极平行插入膈肌内，并分别与引导电极相连。

4. 仪器连接及参数调试

（1）在一通道的输入接口上安装好肌电引导电极插头。

（2）选择 “输入信号”菜单中的“1 通道”菜单项，在“ 1 通道”子菜单中选择“肌电”菜单项后点击开始按钮记录膈肌放电。

（3）选择“数据处理”菜单中的“积分”命令项以弹出“积分参数设置”对话框。将“积分参数处理”对话框中的显示通道设置为 2 通道以记录其积分线。再适当调节对话框中的其他参数，确定后按“OK”按钮。

（4）根据信号窗口中显示的波形，适当调整实验参数以获取最佳实验效果。

（5）将音箱导线插头插入监听接口以便监听。

【观察项目】

1. 膈肌放电曲线　观察正常的胸廓呼吸运动与膈肌放电曲线的关系，注意膈肌放电形式及其通过临听器所发出的声音的性质，并记录其积分曲线。若结果理想即可打印结果（图 4-17）。

2. 增大无效腔　在一侧气管上连接长橡皮管，增大无效腔，观察膈肌放电。

3. 肺牵张反射发生时膈肌放电的观察　于气管插管的一侧管上，借细乳胶管连接 30ml 注射器，观察一段呼吸运动。在吸气相末，夹闭另一侧管，立即将注射器内 20ml 空气迅速注入肺内，使肺处于扩张状态，观察此时呼吸运动和膈肌放电有何变化。休息片刻，待呼吸平稳后，于呼气相之末，夹闭另一侧管，立即用注射器抽取肺内气体 15～20ml，使肺处于萎缩状态，观察呼吸运动和膈肌放电的变化。

4. 迷走神经在呼吸运动中的作用　描记一段对照呼吸曲线，先切断一侧迷走神经，观察呼吸运动和膈肌放电有何变化；再切断另一侧迷走神经，观察呼吸运动和膈肌放电又有何变化。在切断两侧迷走神经后重复上述向肺内注气或从肺内抽气的试验，观察呼吸运动和膈肌放电有否改变。

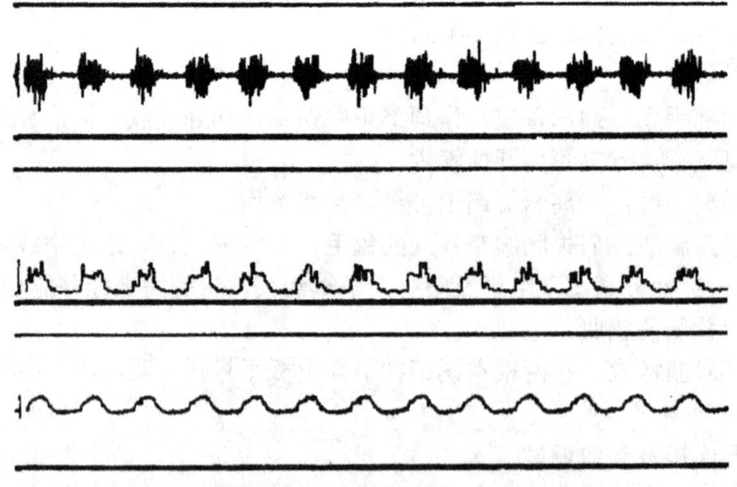

图 4-17　兔膈肌放电、放电频率直方图及呼吸曲线

【注意事项】

1.注意保持呼吸道通畅。

2.暴露膈肌时，切口不可太上，勿损伤胸壁。插肌电引导电极时，不可插向深面，以免引起气胸。引导电极应尽量一次插成功，反复穿刺易导致血肿和肌损

伤而影响肌电引导。

3.用注射器抽肺内气体时，切勿过多，以免引起动物死亡。

【实验讨论与思考】

1.分析各项实验结果，了解膈肌放电与呼吸运动的关系。

2.膈肌放电与迷走神经之间有什么关系？试述肺牵张反射的反射过程及其生理意义。

（徐进文）

实验二十 呼吸运动的调节

【实验目的与原理】

本实验的目的是通过描记呼吸运动曲线，观察各种因素对呼吸运动的影响。

呼吸运动具有节律性，这种节律性活动主要来源于延髓和脑桥呼吸中枢，亦受体内外各种刺激的影响。呼吸中枢可接受各感受器传入冲动，通过反射影响呼吸运动。如化学感受性反射、肺牵张反射、呼吸肌本体感受性反射等。

【实验对象】

BL-420E 生物机能实验系统、张力换能器，哺乳类动物手术器械、兔手术台、充有 CO_2 的气囊、钠石灰瓶、50cm 长胶管、小烧杯、带短胶套管的气管插管、注射器、3%戊巴比妥钠溶液、生理盐水、纱布等。

【实验器材与药品】

家兔。

【实验方法与步骤】

1. 麻醉和固定动物 用 3%戊巴比妥钠按 1ml/kg 自耳缘静脉缓慢注入，待动物麻醉后仰卧固定于手术台上，剪去颈部的毛。

2. 颈部手术 沿颈部正中切开皮肤 5~7cm，用止血钳钝性分离气管，在甲状软骨以下剪开气管，插入 Y 形气管插管并结扎固定。

3. 分离神经 在颈部分离出两侧迷走神经，在神经下穿线备用。手术完毕后用热生理盐水纱布覆盖手术伤口部位。

4. 连接仪器 切开胸骨下端剑突部位的皮肤，用小弯钩钩住腹壁肌肉，并通过连线连接张力换能器，上移换能器并固定，换能器的另一端与生物机能实验系统前面板 1 通道相连。

5. 启动系统 开机进入 BL-420E 生物机能实验系统，在“实验项目”菜单选择“呼吸实验”中“呼吸运动调节”选项，适当调节增益、扫描速度等参数获得最佳实验效果。

【观察项目】

1. 观察正常呼吸曲线 描记正常呼吸运动曲线，辨清曲线与呼吸运动的关系。

2. 增加吸入气中的 CO_2 浓度 将装有 CO_2 的球囊管口对准气管插管的一个侧管（两者有一定的距离，用一烧杯将两个管口罩住），另一侧夹闭（下面 3、4 项相同），并逐渐松开球囊的夹子，使 CO_2 气流缓慢地随吸入气进入气管。观察高浓度 CO_2 对呼吸运动的影响。然后夹闭 CO_2 球囊，观察呼吸运动的恢复过程。

3. 缺 O_2　将气管插管的侧管通过橡皮管与装有钠石灰的瓶子相连，动物呼出的 CO_2 可被钠石灰吸收，随呼吸进行，瓶中的 O_2 越来越少，但 CO_2 并不增多。观察动物缺 O_2 时呼吸运动的变化情况。

4. 增大无效腔　将 50cm 长的橡皮管连接在侧管上，家兔通过长管呼吸。观察经一段时间后呼吸变化。呼吸发生明显变化后，去掉橡皮管，使其恢复正常。

5. 迷走神经在呼吸运动中的作用　描记一段正常呼吸曲线后，切断一侧迷走神经，观察曲线有何变化。再切断另一侧迷走神经，观察曲线又有何变化。然后用中等强度的电流刺激一侧迷走神经中枢端，观察呼吸运动曲线的变化。

【注意事项】

1.观察呼吸运动的变化应包括其频率和幅度的变化。

2.每项观察项目前均应有正常呼吸曲线作对照。

3.每项观察项目不宜过长，当呼吸运动曲线有变化后立即停止刺激。

【实验讨论与思考】

1.试分析吸入气中 CO_2 含量增多和缺 O_2 对呼吸的调节途径。

2. 何谓肺牵张反射？切断颈部两侧迷走神经后肺牵张反射能否再出现？为什么？肺牵张反射有何生理意义？

（徐进文）

实验二十一 胸内负压的测定与气胸的观察

【实验目的与原理】

本实验的目的是观察胸内负压值及其在呼吸运动时的变化，同时观察人工气胸时胸内负压消失情况。

胸膜腔内压力通常低于大气压，称为胸内负压。胸内负压随呼吸运动而发生变化。一旦胸膜腔与外界相通，造成开放性气胸，胸内负压立即消失。如果将连接水检压计的粗注射针头插入胸膜腔内，胸内负压值可由水检压计内的水柱高度显示出来。

【实验对象】

家兔。

【实验器材】

哺乳类动物手术器械、兔手术台、注射器、3%戊巴比妥钠溶液、连有长胶管的水检压计（胶管另一端带有粗注射针头）。

【实验方法与步骤】

1. 麻醉和固定动物 用 3%戊巴比妥钠按 1ml/kg 自耳缘静脉缓慢注入，待动物麻醉后仰卧固定于手术台上，剪去颈部的毛。

2. 颈部手术 沿颈部正中切开皮肤 5~7cm，用止血钳钝性分离气管，在甲状软骨以下剪开气管，插入 Y 形气管插管并结扎固定。

【观察项目】

1. 观察胸内负压 先检查连有水检压计长胶管的粗注射针头是否通畅，连接处是否漏气。然后在家兔右前胸剪去兔毛，在右腋前线第 4~5 肋间沿肋骨上缘垂直将针头刺入胸膜腔内。如检压计的水柱面随呼吸运动上下移动，即表示针头已插入胸膜腔内。分别记下平静呼吸时吸气末和呼气末胸内负压数值。

2. 观察气胸和肺萎缩 剪开上腹部腹壁，把胃肠推向一侧，透过膈肌观察肺随呼吸一张一缩情况，然后剪开膈肌一小孔，造成开放性气胸，观察肺萎缩和胸内负压消失情况。

【注意事项】

1.针头插入胸膜腔时，先用较大力量穿过皮肤，然后控制力量，用手指抵住胸壁，以防插入过深过猛而伤及肺组织。

2.如果针头刺入胸壁已相当深，仍未见水柱波动，这时应将针头转动一下，如仍无效，应拔出针头检查针头是否被组织碎片或血块堵塞，疏通后重做。

【实验讨论与思考】

1.平静呼吸时，为什么胸膜腔内压始终低于大气压？

2.由于贯通伤而造成气胸时，患者呼吸会有何变化？为什么？

（徐进文）

实验二十二　胃肠运动的观察

【实验目的与原理】

本实验的目的是观察家兔在体消化管的运动形式，以及某些神经体液因素对消化管运动的影响。

消化管运动的形式有蠕动、紧张性收缩和分节运动等。在整体内，消化管运动受神经和体液调节。

【实验对象】

家兔。

【实验器材与药品】

电刺激器、保护电极、哺乳类动物手术器械、0.01%肾上腺素、0.01%乙酰胆碱、台氏液、阿托品注射液、注射器、3%戊巴比妥钠溶液等。

【实验步骤】

1. 麻醉和固定动物　用3%戊巴比妥钠按1ml/kg体重自耳缘静脉缓慢注入，待动物麻醉后仰卧固定于手术台上，剪去颈部的毛。

2. 颈部手术　沿颈部正中切开皮肤5~7cm，用止血钳钝性分离气管，在甲状软骨以下剪开气管，插入Y形气管插管并结扎固定。

3. 暴露胃肠　将已麻醉固定于手术台上的家兔的腹部毛剪去，自剑突下沿腹正中线切开腹壁，打开腹腔，暴露胃及小肠。

4. 分离迷走神经　在膈下食管的末端找出迷走神经的前支，穿线备用。

【观察项目】

1.观察正常情况下胃肠运动的形式，注意胃的蠕动、紧张性和小肠的蠕动、分节运动。

2.于胃肠表面滴0.01%乙酰胆碱，观察胃肠运动变化。

3.于胃肠表面滴0.01%肾上腺素数滴，观察胃肠运动的变化。

4.重复电刺激迷走神经，观察胃肠运动的变化。若找不到膈下迷走神经，也可电刺激左颈部迷走神经外周端代替。

5.从耳缘静脉注射阿托品1～2mg，再重复观察项目4，观察胃肠运动有无加强。

【注意事项】

1.胃肠表面滴加药液见效后，即用适量台氏液冲洗，待胃肠运动基本恢复后再进行下一项试验。

2.为避免胃肠暴露时间过长，腹腔温度降低以及干燥而影响胃肠运动，应随时用温热台氏液湿润胃肠。

【实验讨论及思考】

1.实验观察项目中，哪些因素可使胃肠运动加强？哪些因素可使胃肠运动减弱？

2.胃肠运动有哪些形式？各有何生理意义？

（徐进文）

实验二十三　影响尿生成的因素

【实验目的与原理】

本实验的目的是观察某些因素对尿生成的影响，并分析其作用机制。

尿生成的过程包括肾小球滤过，肾小管和集合管的重吸收和分泌过程。凡影响上述任一过程的因素均可影响尿的改变。

【实验对象】

家兔。

【实验器材与药品】

BL-420E生物机能实验系统、血压换能器、记滴器、细塑料管（插输尿管用）、培养皿、酒精灯、试管和试管夹、哺乳类动物手术器械一套。3%戊巴比妥钠溶液、50%葡萄糖注射液、肝素、0.01%去甲肾上腺素、垂体后叶素、呋塞米注射液、酚红注射液、10%NaOH溶液、斑氏试剂等。

【实验方法与步骤】

1. 动物麻醉与固定　家兔称重，沿耳缘静脉注射3%戊巴比妥钠1ml/kg体重。动物麻醉后仰卧固定于兔手术台上。

2. 颈部手术　气管切开并插管。分离右侧颈总动脉插管记录血压，分离左侧迷走神经穿线备用。

3. 输尿管插管　在耻骨联合上缘沿正中线作一5～6cm长的纵切口，沿腹白线切开及分离腹壁各层，手伸入腹腔下部，找到膀胱并将其向下翻转至腹外，暴露膀胱三角，辨认并分离双侧输尿管。分别穿线将输尿管近膀胱端结扎，在线结上方输尿管近肾端剪一斜切口，以一充满生理盐水的细塑料管向肾侧插入输尿管，穿线结扎固定。随后可见尿液从细塑料管慢慢流出，将左右两塑料管缚在一起，连至记滴器上，记录尿量（滴/分）。手术完毕后，用温生理盐水纱布覆盖腹部创口。注意在插管时不要使输尿管扭转，以免妨碍尿液流出。

4. 仪器连接

（1）在1通道的输入接口上安装好血压传感器，并将该传感器与兔动脉插管相连。

（2）启动BL-420E生物机能实验系统，选择“实验项目”菜单中的“泌尿实验”菜单项，在子菜单中选择“影响尿生成的因素”。

（3）根据信号窗口中显示的波形，适当调整实验参数以获取最佳实验效果。

【观察项目】

1.耳缘静脉迅速注射37℃生理盐水15～20ml，观察血压和尿量变化。

2.结扎剪断一侧颈部迷走神经，以中等强度（3～5V）连续电刺激其外周端30s，观察血压和尿量的变化。

3.静脉注射0.01%去甲肾上腺素0.2ml，观察血压和尿量的变化。

4.先收集两滴尿液进行尿糖定性实验*作对照，再由耳缘静脉注射50%葡萄糖2ml，观察尿量的变化，尿量明显增多时再收集两滴尿液作尿糖定性实验，并与之前的试验作对比。

5.耳缘静脉注射0.1%呋塞米（速尿）4ml或2ml/kg，观察血压和尿量的变化。

6.耳缘静脉注射垂体后叶素2单位，观察血压和尿量的变化。

7.耳缘静脉注射0.6%酚红注射液0.5ml，用盛有10%NaOH的培养皿接尿液。如果尿中有酚红溶液排出，遇NaOH则呈红色，观察并计算从注射酚红到排出酚红所需的时间。

8.分离一侧股动脉插管放血（或做左侧颈总动脉插管），松开动脉夹放血，使血压迅速下降，观察并记录血压和尿量的变化。

【注意事项】

1.实验中需要多次进行耳缘静脉注射，应首先从耳缘静脉末梢（即耳尖）开始注射，逐步移向耳朵根部。

2.每项观察前后均需有对照血压和尿量记录。

3.输尿管插管时，操作要轻，不能过度牵拉输尿管，避免出血和输尿管痉挛。

【实验讨论与思考】

1.分析各项实验结果。

2.本实验中哪些因素通过影响肾小球滤过率而影响尿量？哪些因素通过影响肾小管吸收和分泌排泄而影响尿量？

（刘　微）

*尿糖定性实验方法：用试管装斑氏试剂1ml，加入尿液2滴，在酒精灯上加热至沸腾，冷却后观察试液颜色的变化。如果试液由蓝绿色转为混浊的黄或砖红色，表示尿糖阳性。

实验二十四 小白鼠脊髓半横切的观察

【实验目的与原理】

本实验的目的是观察动物脊髓半横切后的表现以证明脊髓的传导功能，比较切面水平以下两侧肢体运动和感觉的不同。

脊髓不仅是机体的低级反射中枢，可以完成一些简单的反射，如血管张力反射、排便反射和发汗反射等；它还是感觉和运动的传导通路，其中感觉传导途径又有浅感觉传导途径和深感觉传导途径的不同。如果脊髓受到损伤，上述功能都将发生障碍。

【实验对象】

小白鼠。

【实验器材】

常规小动物手术器械、大头针、小镊子、干棉球、蛙板。

【实验方法与观察项目】

1. 观察小鼠正常活动时四肢动作情况 将小鼠放于实验桌上，先用针刺其后肢脚趾，观察其有何反应？再用烧热的玻璃针烫其足部，观察小鼠是否转头尖叫？

2. 手术 将小鼠四肢固定，以拇指和食指摸清小鼠浮肋，以此为标志，剪去背部的毛，沿背中线剪开皮肤约 2cm，暴露 1～3 腰椎棘突，用手术刀切开棘突两侧及椎骨间的肌腱，用镊子和棉球分离肌肉，暴露椎骨。轻夹住其中一节腰椎，用小镊子夹去或用扁头小骨剪剪去其棘突和全侧椎弓，暴露出白色的脊髓约 2mm。以脊髓后静脉为标志，用大头针将一侧脊髓横切断，以生理盐水棉球覆盖伤口。

3. 松开缚绳，将小白鼠放于实验桌上，观察以下项目

（1）缩腿反射：用针刺小鼠伤侧后肢脚趾，观察是否有缩腿反射出现。再刺其健侧后肢脚趾，比较两后肢反应有何不同。

（2）随意运动：让小鼠在桌上爬行，观察其后肢有无瘫痪现象，哪一侧瘫痪。

（3）痛觉：将玻璃针烧热，然后烫小鼠伤侧足部，观察小鼠反应。再烫健侧足部，反应有何不同？注意有否回头尖叫。

（4）将小鼠另一侧脊髓也横切断，观察小鼠双下肢运动和感觉变化。

【注意事项】

横切脊髓位置不宜过高或过低，以腰脊髓 1～3 为宜。

【实验讨论与思考】

鼠脊髓半横断后，哪一侧出现瘫痪，随意运动消失？哪一侧痛觉消失？试以运动传导通路和感觉传导通路解释之。

（刘　微）

实验二十五　小脑受损动物运动功能障碍的观察

【实验目的与原理】

本实验的目的是观察小白鼠一侧小脑损伤后肌张力、随意运动及平衡失调的变化，以了解小脑在躯体运动中的作用。

小脑是躯体运动的重要调节中枢，它的主要功能是维持躯体平衡、调节肌张力及协调运动。小脑前叶参与肌紧张调节，后叶可协调随意运动，绒球小结叶参与平衡功能的调节。

【实验对象】

小白鼠。

【实验器材与药品】

剪刀、手术刀、镊子、大头针、止血钳、干棉球、蛙板、乙醚。

【实验方法与观察项目】

1.将小白鼠放于实验桌上，观察其正常活动情况。

2.将小白鼠罩于烧杯内，放入一浸透乙醚的棉球使其麻醉（注意防止麻醉过深）。

3.将小鼠俯卧于蛙板上，用止血钳分别夹住小白鼠两耳部皮肤，固定其头部，沿头部正中线剪开头皮至耳后缘水平。左手拇指和食指捏住头部两侧，用棉球将颈肌轻轻往后推压分离，暴露顶间骨。通过透明的颅骨，可看到小脑位于顶骨下方。用大头针垂直刺入小鼠一侧顶尖骨（尽量远离中线）约 2mm，将针伸向前方，自前向后，将一侧小脑浅层捣毁（图 4-18）。若有出血，可用棉球压迫，用镊子将皮肤复位。动物从麻醉中苏醒后即可进行观察。

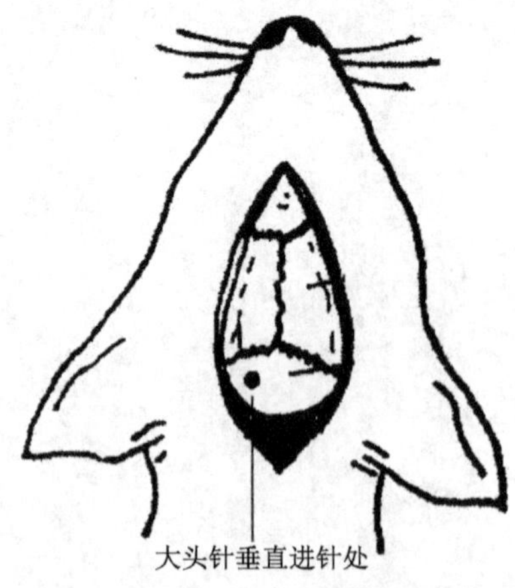

图 4-18　小鼠小脑损毁部分

4.将小鼠放于实验桌上，观察其运动情况：向伤侧旋转或翻滚；姿势不平衡；肢体肌张力改变。

【注意事项】

1.穿刺头骨损毁小脑时，注意探针位置及深度（不超过 3mm），以免损伤延髓而导致动物死亡。

2.动作宜轻柔，忌粗暴。

3.实验毕后应将小白鼠处死。

【实验讨论与思考】

1.小脑有何生理功能？

2.毁坏小鼠一侧小脑后，为什么会出现翻滚或旋转爬行动作？

（刘　微）

实验二十六　动物去大脑僵直实验

【实验目的与原理】

本实验的目的是观察动物去大脑僵直的现象，并讨论其产生机制。

中枢神经系统对伸肌的紧张性具有易化作用和抑制作用。在正常情况下，通过这两种作用使骨骼肌保持适当的紧张度，以维持机体的正常姿势。如果在动物中脑上、下丘之间横断脑干，则抑制伸肌的紧张作用减弱而易化伸肌的紧张作用相对增强，动物表现出四肢伸直、坚硬如柱、头尾昂起、脊柱挺硬等现象。这是伸肌肌肉紧张亢进造成的，称为去大脑僵直。

【实验对象】

家兔。

【实验器材与药品】

哺乳动物手术器械一套、骨钻、骨钳、竹刀、骨蜡或止血海绵、纱布棉花、线、3%戊巴比妥钠。

【实验方法与观察项目】

1.耳缘静脉注射 3%戊巴比妥钠 1ml/kg 麻醉。

2.动物麻醉后，将兔仰卧固定于手术台上，剪毛并切开颈部皮肤，分离肌肉做气管插管，找出两侧颈总动脉穿线备用。将兔转为俯位，头固定于头架上，剪去头部的毛，由两眉间至枕部将头皮纵行切开，以刀柄剥离肌肉与骨膜。旁开矢状缝 0.5cm 左右的卤顶处用骨钻开孔，再用骨钳扩大开口，使所开的骨创口向后扩展至枕骨结节，暴露双侧大脑半球后缘。若有出血可用骨蜡止血。特别是向对侧扩展时，尤要注意不要伤及矢状窦和横窦，以免大出血（可用针在矢状窦的前后各穿一条线并结扎）。剪开硬脑膜，结扎两侧颈总动脉，将硬脑膜翻开，暴露脑面。将动物的头托起，用手术刀柄从大脑半球后缘轻轻翻开枕叶即可见到四叠体（上丘较粗大，下丘较小），在上、下丘之间略向前倾斜以竹刀切向颅底，将脑干完全切断，即成为去大脑动物（图 4-19）。

3.几分钟后可见兔的躯体和四肢慢慢变硬伸直（前肢比后肢更明显），头后仰，尾上翘，呈角弓反张状态。

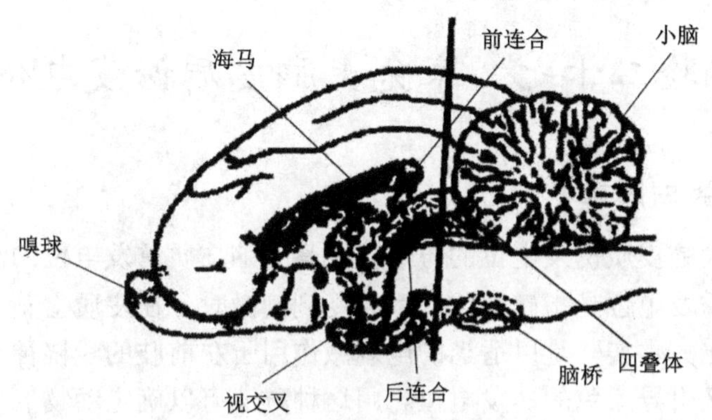

图 4-19　去大脑僵直脑干切线图

【注意事项】

1.麻醉不能过深。

2.切断脑干的位置太低可损伤延髓呼吸中枢引起呼吸停止；反之，切断部位太高则可能不出现去大脑僵直现象。

【实验讨论与思考】

1.产生去大脑僵直的原因是什么？

2.比较去大脑僵直和脊休克有何不同。

（刘　微）

实验二十七　家兔大脑皮质诱发电位

【实验目的与原理】

学习记录大脑皮质诱发电位的方法；观察大脑皮质诱发电位的波形。

大脑皮质诱发电位是指感觉传入系统受到刺激时，在皮质上某一局限区域所引导的电位变化。本实验是以适当的电刺激作用于左前肢的浅桡神经，在右侧大脑皮质的感觉区引导家兔的诱发电位。用这种方法可以确定动物的皮质感觉区，在研究皮质机能定位上起着重要作用。由于大脑皮质随时都存在自发电活动，诱发电位经常出现在自发电活动的背景上。为了压低自发电活动，使诱发电位清晰地引导出来，实验时常将动物深度麻醉。

【实验对象】

家兔。

【实验器材与药品】

哺乳动物手术器械；兔手术台、马蹄形头固定器、电极支架、牙科钻（或钟表起子）；BL-420E 生物机能实验系统；保护电极、皮质引导电极（可用一端在酒精灯上烧成球状，并有一小段弹簧样环绕的银丝电极）；滴管、棉花、骨蜡；10%氨基甲酸乙酯与 1%氯醛糖混合麻醉剂、38℃生理盐水与液状石蜡（可装在大试管内、试管通过塞孔浸于温水瓶内）。

【实验方法与步骤】

1. 麻醉　按每千克体重给予 5ml 10%氨基甲酸乙酯与 1%氯醛糖混合麻醉剂的剂量，经耳静脉注射。实验过程中以每小时 0.5ml/kg 的维持量经皮下注射补充麻醉，以维持于深麻醉水平，一般以呼吸维持在 20 次/分左右，皮质自发电位较小为宜。

2. 动物固定与手术

（1）动物固定：将兔固定在兔手术台上，取俯卧位。应用马蹄形头固定器将头三点固定，即左、右颧骨突处各做一小切口，在该处用牙科钻或用钟表起子钻一小孔，将固定器两侧的尖头金属棒嵌在小孔中，固定器前方的尖金属棒插在两上门齿缝之间固定。保持兔头处于水平位置并略高与躯干。

（2）分离桡神经：在左侧前肢的肘部桡侧切开皮肤，寻找并分离桡神经约 3cm 长，用一沾有液状石蜡（38℃）的棉花包裹保护之，并将皮肤切口关闭夹好备用。

（3）开颅：剪去头顶部手术区的兔毛，正中切开皮肤，暴露头骨。在前囟右侧约 4mm 处钻孔开颅，勿损伤硬脑膜，孔径 7～10mm。进一步扩大孔径，但应该将前囟保留下来作为定位参考标志。开颅时出血可用骨蜡止血。将记录电极安放在大脑皮质前肢感觉一区（图 4-20），使银球与皮质表面硬脑膜接触（亦可把硬脑膜除去）。脑表面滴加 38℃液状石蜡予以保护，以防干燥（液状石蜡宜置于保温瓶内，用时吸出）。亦可在上述区域内打一小孔，供放入引导电极接触硬脑膜，如效果不好，可在邻近钻孔开颅引导。

（4）电极安放与连接：将刺激电极和引导电极分别与 BL-420E 生物机能实验系统刺激输出和信号输入接口（CH1）相连，用保护电极将桡神经钩好并用液状石蜡棉球保护。无关电极可用一银片夹在头皮边缘，动物另接地。

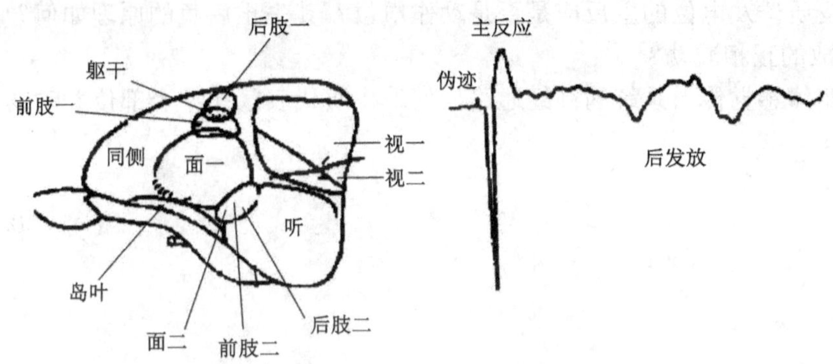

图 4-20　兔大脑皮质感觉代表区及运动区诱发电位

【观察项目】

启动 BL-420E 生物机能实验系统，选择“实验项目”菜单中的“中枢神经实验”菜单项，以弹出“中枢神经实验”子菜单。在“中枢神经实验”子菜单中选择“大脑皮质诱发电位”实验模块。根据信号窗口中显示的诱发电位波形，再适当调节实验参数以获得最佳的实验效果。

以上步骤可由下面 5 步代替：①选择“输入信号”菜单中的“1 通道”菜单项，以弹出“1 通道”子菜单。②在“1 通道”子菜单中选择“动作电位”信号。③基本参数设置：增益，200；高频滤波 10kHz；交流（AC）0.1s 输入。④在“设置刺激器参数”对话框中调节实验参数，可参考以下：模式，粗电压；方式，单刺激；延时，5ms；波宽，0.1～0.5ms。⑤使用鼠标单击工具条上的“开始”命令按钮。单击刺激器调节区上的“启动刺激”命令按钮，逐渐增强刺激桡神经的强度，先可在显示器上观察到刺激伪迹，随着刺激的增强，可在刺激伪迹之后看到诱发电位。仔细调整引导电极在皮质表面的位置，逐点探测，引出较大振幅诱发电位的点即为该诱发电位的中心区，注意观察诱发电位的潜伏期，主反应和后发放的过程，相位及振幅的大小。

【注意事项】

1.开颅时要尽量小心，勿伤及矢状窦，若有损伤即用止血海绵小心止血，或加以结扎。

2.整个实验要在电屏蔽室内进行，或把动物用铜丝网屏蔽起来，防止交流电干扰。

3.对神经及皮质注意保温与防止干燥。

【实验讨论与思考】

1.在引导皮质诱发电位前，显示屏上的不规则电位波动是什么电位？它是怎样形成的？

2.皮质诱发电位的主反应是否是动作电位？其先正后负的原理如何？如何解释后发放的正相波动？

3.躯体感觉传入系统的神经通路如何？皮质代表区在哪个部位？动物与人有何差异？

（关　莉）

实验二十八　肾上腺摘除大鼠的观察

【实验目的与原理】

本实验的目的是观察肾上腺摘除动物，了解肾上腺皮质激素的作用及其对生命活动的重要性；掌握随机原则和对照原则。

肾上腺分皮质和髓质两部分。皮质分泌的激素（包括糖皮质激素、盐皮质激素和性激素等）其生理作用极为复杂，并与水盐代谢和糖、蛋白质、脂肪代谢有关，是维持机体生命所必需的。切除动物肾上腺后，因髓质功能类似交感神经的功能，对机体影响较小，而皮质功能失调现象则较严重。

【实验对象】

雄性大鼠（体重 150g 左右）。

【实验器材与药品】

哺乳动物手术器械一套、大烧杯、大玻璃缸、动物秤、秒表、乙醚、1%NaCl 溶液，蛙板、棉花。

【实验步骤与观察项目】

1. 肾上腺摘除对生命维持的影响

（1）实验大鼠分组：选择健康大鼠 15～30 只，分别记录体重，然后分为三组，每组 5～10 只。第一组动物保留肾上腺，做假手术对照。第二、三组手术摘除双侧肾上腺。

（2）肾上腺摘除术：将大鼠置于盛有乙醚的封闭瓶内麻醉，直至大鼠头部垂下不再挣扎为止。取俯卧位将其固定于蛙板上，剪去背部的毛（用 75%乙醇消毒手术部位的皮肤和术者双手。手术器械也应在盘中用 75%乙醇浸泡 10min。）在胸腰椎交界处，沿背部正中线切开皮肤约 3cm。先使动物向右侧卧倒，用小剪刀轻轻沿左侧最后一根肋骨与脊柱交点处分离肌肉，用镊子撑开此肌层切口，并以小镊子夹水盐棉球轻轻推开腹腔内的器官和组织，便可在肾上方找到淡黄色的肾上腺，直径 2～4mm，周围被肾脂肪囊所包裹。用血管钳分离并在肾上腺下面将通至肾上腺的血管紧紧夹住，用线结扎，再用眼科剪和小镊子将肾上腺剥离摘除（肾上腺的构造极为脆弱，剥离时要小心，避免夹碎）。再使动物向左侧卧倒，按上法摘除右侧肾上腺。右肾上腺的位置略高于左侧，且靠近腹主动脉和下腔静脉，手术时应加小心，切勿损伤大血管。摘除完毕后，依次用细线缝合肌层和皮肤的切口，并用 75%乙醇消毒皮肤的缝合口。对照组亦应进行与实验组相同的手术，但不摘除肾上腺。

（3）术后大鼠饲养：术后第一、二两组动物给清水，第三组动物给 10%盐水。手术后各组动物应在同样的条件下饲养：室温应尽量保持在 20～25℃；喂以高热量和高蛋白的饲料；饮水供应充分；动物应尽可能分笼单独饲养，以免互相残杀。

（4）观察和记录：观察比较三组动物在一周之内的体重变化、死亡率、肌肉的紧张度和食欲的差别。同时将三组动物术前和术后的体重变化及动物死亡率填入表 4-2。

表 4-2　肾上腺摘除对生命维持的影响　　（单位:g）

动物号	对照组体重		摘除肾上腺+清水组体重		摘除肾上腺+盐水组体重	
	术前	术后 6 日	术前	术后 6 日	术前	术后 6 日
1						
2						
3						
4						
6						
6						
平均体重						
死亡率						

注：如果动物在 6 日内死亡，请于“术后 6 日”对应出注明死亡日期。

2. 去肾上腺后动物运动功能与应激功能的改变

（1）将实验大鼠分组并精心饲养，并将体重相近的大鼠分为两组，每组 6 只，其中一组动物保留肾上腺作为对照，一组切除肾上腺作为实验组，术后在同样条件下饲养，注意环境温度须保持相对恒定（20℃左右），食物、水分供应必须充足（去肾上腺动物供应盐水），小心护理以防死亡。于示教前 2 日将盐水改为清水，两组动物均停止供食。

（2）观察大鼠在遇溺时的功能改变和运动机能并记录：实验时，将每组动物各取 3 只同时置于大玻璃缸内（水温在 4℃以下）。大白鼠即在水中游泳，开始计时，观察哪组动物先溺水下沉。当有一组动物全部溺水下沉时，记录时间，将动物同时自水中取出，观察溺水动物的恢复情况。自两组另取几只动物，比较两组动物的姿势、活动情况、肌肉紧张度。

【注意事项】

1.手术时勿麻醉过深。

2.动物应进行编号以免混淆。

3.实验结束后应将动物杀死，剖验其肾上腺是否已完全被摘除，手术部位有无发炎化脓等情况。

【实验讨论与思考】

1.为什么用盐水作饮料能延长肾上腺摘除动物的寿命？

2.肾上腺皮质和髓质的功能有何不同？

3.通过本实验推测肾上腺的功能。

（刘 微）

实验二十九 视敏度测定

【实验目的与原理】

掌握视敏度（视力）的测定原理，学习视敏度的测试方法。眼对物体细小结构的分辨能力称为视力或视敏度，通常把眼能辨别两个点的最小距离作为衡量标准。这两个点发出的光线在眼球内节点处相交叉所构成的夹角称为视角。正常情况下，人眼能分辨出两点间的最小距离所形成的视角为 1 分。临床规定，当视角为 1 分时，能辨别两个点或看清楚字或图形的视力为正常视力。在良好的光照条件下，5m 远处视力表上 1.0 行 E 字形符号，每一字画的宽度和每两笔画之间的空隙均为 1.5mm，此时相距 1.5mm 的两个光点所发出的光线交叉所形成的夹角为 1 分。

【实验对象】

人。

【实验器材与药品】

国际标准视力表、遮眼板、指示棒、米尺等。

【实验步骤与观察项目】

1.视力表挂在光线充足而均匀的地方，受试者距视力表 5m，视力表的第 10 行应与眼睛在同一高度。

2.受试者一只眼用遮眼板遮住，另一眼看视力表。测试者从第一行开始，按自上而下的顺序辨认表上的“E”。每指一个受试者应准确说出缺口方向，如此直到受试者能辨认清楚最小的图形为止，该排图形旁边所标注的数字代表受试者该侧眼睛的视力。

3.若受试者对最上一行图形不能辨认，则须让受试者向前移动，直到能辨认最上一行时止步，测定其与视力表的距离，并按公式推算视力（受试者视力=受试者辨认某字的最远距离/正常视力辨认该字的最远距离）。

4.用同样方法测试另一只眼的视力。

【注意事项】

1.视力测试时需光线充足，视力表表面须清洁平整；测定过程中必须避免由侧方射来的较强光线的干扰。

2.检查时不要眯眼睛或斜眼看。

【实验讨论与思考】

1.为什么视力表可以检查视敏度？

2.视角的大小和视力有什么关系？

（刘　微）

实验三十 视野测定

【实验目的与原理】

掌握视野的检查方法，了解正常视野的范围及测定视野的意义。单眼固定注视前方一点时，该眼所能看到的空间范围称为视野，通常以和视轴形成的夹角的大小来表示。在同一光照条件下，用不同颜色的目标物所测得的视野大小不同，白色视野最大，其次为黄蓝色，再次为红色，绿色视野最小。视野的大小可能与各类感光细胞在视网膜中的分布范围有关。另外，由于面部结构（鼻和额）阻挡光线，正常人的视野在鼻侧和额侧的较窄，在颞侧和下侧的较宽。

【实验对象】

人。

【实验器材与药品】

视野计、各色视标、视野图纸、各色铅笔等。

【实验步骤与观察项目】

1.熟悉视野计的构造和使用方法。最常用的是弧形视野计（图 4-21），它是一个安装在支架上的半圆形金属弧，其中心固定可做 360°旋转，旋转的角度可以从分度盘上读出。圆弧上标有刻度，表示由点射向视网膜周边的光线与视轴之间的夹角。视野的界限就是以此角度表示的。在圆弧内面中央装一个固定的小圆镜，其对面的支架上附有可上下移动的托颌架。

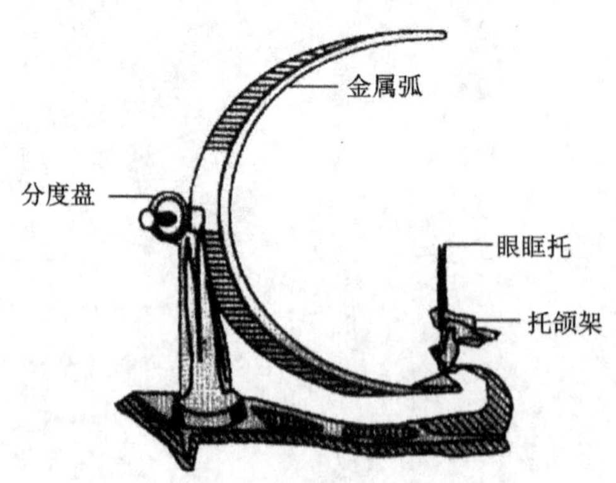

图 4-21 视野计

2.受试者背对光线，下颌放在托颌架上，眼眶下缘靠在眼眶托上，调整托架高度，使眼与弧架的中心点在同一水平线上。一只眼用眼罩遮住，另一眼凝视弧架中心点，接受测试。

3.测试者旋转半圆弧呈水平位，将视标从 0 一侧的周边向中央缓慢移动弧架上的白色视标，随时询问受试者是否看到白色视标，直到受试者刚能看到为止，记下弧架上的刻度；再重复一次，求出平均值，然后画在视野图纸上（图 4-22）。依同样方法测出 180°边的视野值，并画在视野图纸上。

4.依次旋转半圆弧，每转动 45°重复上述操作，共操作 4 次，得出 8 个经纬度数值，用平滑曲线将各点依次连接起来，即为白色视野的范围。

5.按照相同的操作方法，测出该眼的黄、红、绿各色视觉的视野，分别用相应颜色的彩笔在视野图上标出。

6.以同样的方法，测定另一只眼睛的各种颜色的视野。

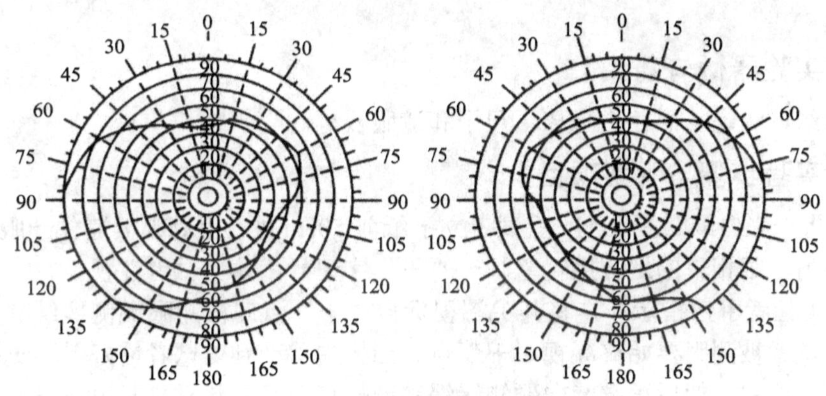

图 4-22　视野图纸

【注意事项】

1.测试中要求被测眼一直注视圆弧形金属架中心固定的小圆镜，眼球不能转动，是用余光观察视标。

2.测定一种颜色的视野后，应休息 5min 后再继续测另一颜色的视野，以免因眼睛疲劳造成误差。

【实验讨论与思考】

何谓视野？各种颜色的视野有何不同？

（刘　微）

实验三十一 盲 点 测 定

【实验目的与原理】

学习测定盲点位置和范围的方法。视网膜上视觉纤维汇集穿出眼球的部位没有感光细胞，不能感光，在视野中形成生理盲点。根据物体成像的规律，通过测定盲点投射区域的位置和范围，依据相似三角形各对应边成正比的定理，计算出盲点所在的位置和范围。

【实验对象】

人。

【实验器材与药品】

白纸、铅笔、黑色指示棒、尺子和遮眼板等。

【实验步骤与观察项目】

1.将一张白纸贴在墙上，受试者立于纸前 50cm 处，用遮眼板遮住一眼，在白纸上与另一眼相平的地方用铅笔画一“＋”字记号，请受试者注视。

2.实验者手持指示棒，将其尖端视标自“＋”点向被测眼颞侧缓缓移动。此时，受试者被测眼要始终凝视“＋”点。当棒尖移动到受试者恰好看不见时，即在此标记位置。然后再继续向颞侧缓缓移动，直至又重新看见时再记下其位置。

3.由所记下的两个记号的中点起，沿着各个方向直线运动指示棒，找出并记录各方向刚能被看到和看不到的交界点，将所得各点依次相连，即得到一个不规则的圆圈，此即为该眼的盲点投射区。盲点的投射和盲点直径计算原理见图 4-23。

4.根据相似三角形各对应边成正比定理，计算出盲点与中央凹的距离与盲点直径。

盲点与中央凹的距离（mm）=盲点投射区至“＋”距离×15/500

盲点直径（mm）=盲点投射区直径×15/500

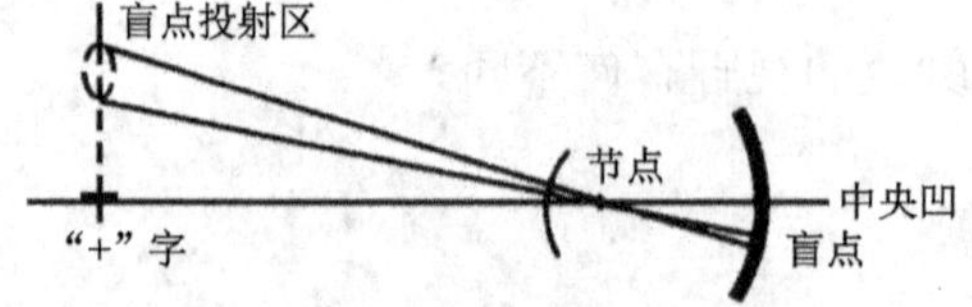

图 4-23 盲点的投射和盲点直径计算原理示意图

【注意事项】

眼睛注视“＋”点，不要跟随指示棒转动。

【实验讨论与思考】

1.在我们日常注视物体时，为什么没有感觉到生理性盲点的存在？

2.当盲点范围发生变化时，我们应该注意什么问题？

（刘　微）

实验三十二 声音传导的途径

【实验目的与原理】

通过任内氏和魏伯氏试验，了解气传导和骨传导的两种不同途径，进而了解临床上鉴别传导性耳聋和传导性耳聋的常用方法。

声波在正常人主要经外耳、鼓膜和听骨链，再经卵圆窗传入内耳引起听觉，称为气传导。声波也可直接作用于颅骨，引起内淋巴振动，产生听觉，称为骨传导。骨传导的效果远较气传导为差。当气传导发生障碍时，气传导的效应减弱或消失，骨传导效应相应提高。由于鼓膜或中耳病变等气传导障碍引起的听力下降或消失，称为传导性耳聋。

【实验对象】

人。

【实验器材与药品】

音叉（频率为256Hz或512Hz）、棉球。

【实验方法与步骤】

1. 比较同侧耳的气传导和骨传导（任内氏试验）

（1）室内保持安静，受试者取坐位。检查者振动音叉后，立即将音叉柄置于受试者一侧颞骨乳突部。此时，受试者可听到音叉响声，以后随着时间延长，声音逐渐减弱。当受试者刚刚听不到声音时，立即将音叉移至其外耳道口，则受试者又可重新听到响声。反之，先置音叉于外耳道口处，当听不到响声时再将音叉移至颞骨乳突部，受试者仍听不到声音。临床上叫做任内氏试验阳性，这说明正常人气传导时间长。

（2）用棉球塞住同侧外耳道，重复上述试验。若测气传导时，振动的音叉在外耳道口听不到声音，则再敲击音叉，先置于外耳道口，待听不到响声时，将音叉置于颞骨的乳突部，受试者仍听到响声，说明气传导时间缩短，等于或小于骨传导时间，临床上称为任内氏试验阴性。

2. 比较两耳的骨传导（魏伯氏试验）

（1）将振动的音叉柄置于受试者前额正中发际处，要受试者比较两耳感受的声音强度。正常人两耳声音强度相同。记录时以“→”表示偏向，“＝”表示声音在中间。

（2）用棉球塞住受试者一侧外耳道，重复上述操作，询问受试者声音偏向哪侧？

【注意事项】

1.敲响音叉，用力不要过猛，切忌在坚硬物体上敲打，以免损坏音叉。

2.音叉放在外耳道口时，应使音叉的振动方向正对外耳道口。注意叉枝勿触及耳郭或头发。

【实验讨论与思考】

声波通过哪些途径传入内耳？为何正常情况下气传导效果远高于骨传导？

（徐进文）

实验三十三　破坏动物一侧迷路的效应

【实验目的与原理】

本实验通过破坏迷路的方法，观察迷路在调节肌张力与维持机体姿势中的作用。

内耳迷路中的前庭器官是感受头部空间位置和运动的感受器装置，其功能在于反射性地调节肌紧张，维持机体的姿势与平衡。如果损坏动物的一侧前庭器官，机体肌紧张的协调就会发生障碍。

【实验对象】

豚鼠、蛙和鸽子。

【实验器材与药品】

氯仿、乙醚；手术器械、探针、棉球、滴管、水盆、蛙板、纱布。

【实验方法与步骤】

1. 破坏豚鼠的一侧迷路　取正常豚鼠一只，侧卧绑定，使动物头部侧位不动，抓住耳郭轻轻上提暴露外耳道，用滴管向外耳道深处滴注 2～3 滴氯仿。氯仿通过渗透作用于半规管，破坏该侧迷路的功能。7～10min 后放开动物，观察动物头部位置、颈部和躯干及四肢的肌紧张度。

2. 破坏蛙的一侧迷路　将蛙放在蛙板上，观察正常姿势。观察后用乙醚麻醉，将蛙的腹面朝上。用镊子夹住蛙的下颌并向下翻转，使其口张开。用手术刀或剪刀沿颅底骨切开或剪除颅底黏膜，可看到“十”字形的副蝶骨。副蝶骨左右两侧的横突即迷路所在部位，将一侧横突骨质剥去一部分，可看到粟粒大小的小白丘，是迷路位置的所在部位。用探针刺入小白丘深约 2mm 破坏迷路。7～10min 后，观察蛙静止和爬行的姿势及游泳的姿势。

3. 破坏鸽子的一侧迷路

（1）首先观察鸽子的运动姿势，然后用乙醚轻度麻醉鸽子，切开头颅一侧的颞部皮肤，用手术刀削去颞部颅骨，用尖头镊子清除骨片，可看到三个半规管。

（2）用镊子将半规管全部折断，然后缝合皮肤。

（3）待鸽子清醒后（约 20min）观察它的姿势有无变化？

（4）将鸽子放在高处令其飞下，观察其飞行姿势有无异常？

（5）将鸽子放在铁丝笼子内，旋转笼子，观察鸽子头部及全身的姿势反应，与正常鸽子相比较，有何不同？

【注意事项】

1.氯仿是一种高脂溶性的全身麻醉剂，其用量要适度，以防动物麻醉死亡。

2.蛙的颅骨板很薄，损伤迷路时要准确了解解剖部位，用力适度，避免损伤脑组织。

【实验讨论与思考】

为什么破坏动物一侧迷路后，其头和躯干会偏向一侧?

（徐进文）

第五章 自行设计实验

自行设计实验是生理学实验教学一个非常重要的环节，它是调动学生的积极性和创造性、激发学生独立思考的兴趣和激情、培养学生独立分析和解决问题能力的重要手段。

本书前面所介绍的实验项目，多数是验证性和演示性的，学生按照实验指导或教师预先设计好的实验方案按部就班地进行，进而掌握基本实验方法和实验技能，并验证课堂教学理论。而自行设计实验，是指学生在实验教师的指导下，自选感兴趣的题目，用所学的理论知识，查阅有关资料，自行设计实验方案，选择合适设备、仪器、试剂、药品和动物等，构成一套完整的实验系统，将实验做完后再经实验后置处理（包括打印图形或曲线以及数据处理等）写出实验报告，独立完成整个实验过程的教学实验。自行设计实验对于培养学生的创新能力、探索发现新知识的途径和方法，以及对相关课程的浓厚兴趣，都大有裨益，也为学生尽早接触和进入科研实践打下一定的基础。

一、选　　题

选题是科研的第一步，选题是否恰当直接影响到科研的成败。科研选题的原则主要有三点：一是要有创新性，所谓创新可以是理论的创新或方法的创新，不是低水平重复、抄袭、模仿。二是要有科学性，所谓科学性指选题要具有客观性或真实性，立题要有科学依据，不能违背已知的、公认的自然定律（规律）。三是要有可行性，即选题必须充分考虑自己的主、客观条件，是否切实可行。

对于生理学自行设计实验的选题而言，还不必严格地遵照科研要求。学生的选题来源主要是对所学习的理论知识的验证，同一种理论知识可以用不同的方法、从不同的途径加以验证，设计出不同的实验。也可以应用功能实验方法去解决老师科研课题中或生活中的某些问题，属于探索性的课题，也应给予充分的肯定和鼓励。

以下是几个供同学参考的选题：

（1）迷走神经对心脏活动的紧张性调节的作用分析。

（2）细胞外 K^+增加对神经干动作电位传导的影响。

（3）胸膜腔内压和肺内压的关系研究。

（4）细胞外 K^+增加对心肌静息电位的影响。

（5）盐酸刺激胰液分泌的机制研究。

（6）胃容受性舒张的神经控制及递质研究。

（7）“治风先治血”在痹症治疗中的实验基础。

（8）人参和附子在失血性休克抢救中的作用及机制研究。

二、实验设计的主要内容

确定选题之后，就要找寻完成的方法和步骤，撰写《实验设计书》，作为进行实验的依据。《实验设计书》一般包括以下内容：

1. 课题名称　即选题。

2. 目的　即要解决的问题或要达到的目的，力求明确。一个实验项目所研究的内容和观察的指标都不宜过多，最好集中解决 1~3 个问题。

3. 选题依据　包括理论依据和实验依据。

4. 实验对象　实验对象又称受试对象。生理学实验的受试对象可以是人，也可以是动物或动物的某个器官。人体作为实验对象的优点是不存在种属差异，实验所获的结果及结论可直接应用于人体。其缺点是实验方法有严格限制，根据医德规范和有关法律的要求，人是不能随便作为医学实验对象的，无论是基础研究还是临床研究，都有严格的规定。实验本身不能对人体造成任何伤害，如果有可能造成某种伤害而又必须进行，必须让实验对象知情并且同意。因此，生理学的实验对象绝大多数是动物。至于应选择何种动物，要根据实验内容来决定。

5. 施加因素　施加因素也称处理因素，是人为设置给实验对象的，相当于生理学概念的刺激（如电刺激、针刺、灸、温度刺激、外科手术等）。施加因素可以是单因素，也可以是多因素，应根据需要确定，不可过多也不宜过少。例如，施加因素为药物时，一次实验应用的药物不宜过多，否则易产生分组增多、实验对象样本数增多、实验时间不易控制等。但施加因素过少又会影响实验的水平或质量，即实验的深度和广度。还应注意确定施加因素的强度，同一施加因素可以设置不同的强度，如药物可给不同剂量，电刺激可有不同的电压、电流强度、刺激频率、持续时间，应视实际需要确定。施加因素还应注意标准化，如药物应为同一生产厂家、同一批号，针刺、灸治、手术应尽量同一人操作，电刺激的电压、电流、刺激频率、持续时间均应保持一致等。

此外，还应注意尽量减少非施加因素，如实验动物的年龄、性别、体重等对实验结果的干扰（影响），这些因素也应当尽量标准化。

6．实验器材　包括主要仪器设备、器械及施加因素的药品等应全部列出清单，便于实验前预先准备。

7. 实验方法和步骤　应包括动物麻醉及固定方法、手术操作程序、实验仪器的有关参数设置等内容。方法必须科学可行，操作步骤力求规范、精确、方便，生理学实验的方法种类很多，具体的方法应视实验目的、技术条件而定。

8. 实验结果 好的观察指标是实验成败的关键。一个好的观察指标应有特异性、能反映所研究对象的本质、客观而灵敏、易于观测、记录方便、量化、重复性好、能较真实地反映实验对象的真实情况。应列出所选定的各项指标，还应根据已知理论预先推测出符合逻辑的实验结果。

9. 注意事项 列出可能在实验过程中出现的影响实验成败的问题及其解决办法。

10. 主要参考文献 应列出书目（书目或论文题目）、作者、出处（刊物、图书之页码）、出版时间、地点、单位等。

以上内容根据实际情况，不一定每一项目都必备。

三、实验设计的注意事项

国家中医药管理局科教司曾经对中医药科研项目的规范提出“十五字方针”，即随机、双盲、对照、多中心、大样本、前瞻性。这个规范相当简明，对当前中医药科研设计具有很强的针对性和指导性，能保证中医药科研设计的科学性、先进性和较高的水平。对于学生在学习期间的实验设计而言，严格按照以上要求显然是不现实的，但以下几点，应引起足够的注意：

1. 确定样本量要适当 理论上讲，样本量越大则结论越可靠，但实践中应是在保证结论可靠的前提下确定最少的样本量。具体方法可参考《卫生统计学》（方积乾主编，人民卫生出版社，2008 年出版）。

2. 设立对照组或对照实验 这是任何一项科研实验的基本要求。生理学实验是严格的受控实验，对照的原则是除了待检测的因素不同之外，各对照组与实验组之间的其他条件应完全一致。常用对照形式有空白对照（即在不加任何处理的“自然”条件下进行的观察对照）、标准对照（即以国家或有关行业组织确定的标准值或正常值进行对照）、实验对照（指与某种有关实验条件下出现的结果进行对照）、自身对照（指同一实验对象实验前与实验后有关观察指标数据资料的对比）等。

3. 实验条件必须注意各实验组前后均一致 如实验动物的种类、年龄、性别应相同，体重应接近，分组时应随机；应用的试剂、药物剂型、批号、剂量应相同；刺激强度或手术操作应尽可能一致；其他环境条件（如温度、湿度等）都应尽可能一致。

4. 观察项目应标准化 即尽量有可量化的、可明确判定效果的标准，避免仅有活跃、迟钝之类定性的描述，标准必须是客观的，实验应当是可重复的。

5. 对同一实验课题应注意应用多种方法来设计 如观察某一神经因素对某

一生理指标变化的影响，不仅可用各种刺激神经本身的方法，也可用切断该神经或受体阻断、模拟药物等方法。

四、实验中应注意的问题

1.实验中应按设计要求认真观察，及时、准确、全面地进行记录。

2.如发现预料之外的情况，可对原设计进行必要调整，但不宜大规模调整。

3.对实验结果须进行全面的整理分析，实验数据须按统计学要求进行正确的处理。

五、撰写实验报告应注意的问题

撰写实验报告可参考第一章中“生理学实验报告的书写”内容，应特别注意：

1.对照《实验设计书》，检查是否各条均按设计要求完成，如有没有完成的项目应客观地、实事求是地找出原因。

2.实验结论应由结果推导而来，若不能得出结论，也可不下结论，但不能牵强附会得出不符合逻辑的结论。

3.结果无论是阳性还是阴性的，是预期还是与预期不符甚至相反的，都必须实事求是地记录、分析，不应任意取舍或修改、增加实验数据以使结论符合自己的主观预期。

（关　莉）